Digitalisierung souverän gestalten

Ernst A. Hartmann
Hrsg.

Digitalisierung souverän gestalten

Innovative Impulse im Maschinenbau

 Springer Vieweg

Hrsg.
Ernst A. Hartmann
Institut für Innovation und Technik (iit)
VDI/VDE Innovation + Technik GmbH
Berlin, Deutschland

Aus Gründen der besseren Lesbarkeit verwenden wir in diesem Buch überwiegend das generische Maskulinum. Dies impliziert immer beide Formen, schließt also die weibliche Form mit ein.

ISBN 978-3-662-62376-3   ISBN 978-3-662-62377-0   (eBook)
https://doi.org/10.1007/978-3-662-62377-0

Die Deutsche Nationalbibliothek verzeichnet diese Publikation in der Deutschen Nationalbibliografie; detaillierte bibliografische Daten sind im Internet über http://dnb.d-nb.de abrufbar.

Vorwort

Mit der zunehmenden digitalen Durchdringung aller Lebensbereiche – Freizeit und Konsum, Politik und Gesellschaft, Wirtschaft und Arbeit, Bildung und Kultur – stellt sich die Frage nach der Bewältigung der digitalen Transformation durch die jeweils betroffenen Akteure, wie etwa

- die geschäftsführende Gesellschafterin eines mittelständischen Industrieunternehmens, die ihre Produktion digital rationalisieren möchte – ohne dafür mit ihren kostbarsten Daten zu bezahlen und ohne ihre Kernkompetenzen zu verlieren.
- der Lehrer, der seine Schüler:innen virtuell (mindestens) genauso gut unterrichten möchte wie im Präsenzunterricht.
- die Wirtschaftspolitikerin, die angesichts der Übermacht US-amerikanischer Technologiekonzerne wissen möchte wie nationale Technologie- und Wirtschaftspolitik gelingen kann.
- der Betriebsrat, dem wichtig ist, dass die Risiken der digitalen Wirtschaft – wie zunehmende Möglichkeiten der Leistungsüberwachung – ebenso gesehen werden wie die Chancen – wie datengestütztes, zertifiziertes Lernen im Arbeitsprozess.
- die Konsumentin, die sich fragt, ob Produkte, die sich durch Updates, die sie selbst gar nicht beeinflussen kann, in unvorhersehbarer Weise verändern, überhaupt noch ihr gehören, also ihr Eigentum sind.
- der Bildungspolitiker, der sich fragt, welche Rolle digitale Bildungstechnologien als Forschungs- und Entwicklungsthema für das deutsche Bildungssystem spielen sollen.

Diese Fragen bestimmten auch schon den Themenband des Jahres 2017 „Digitale Souveränität: Bürger, Unternehmen, Staat" vom Institut für Innovation und Technik (iit). Innerhalb des breiten Feldes, das durch diese Publikation abgesteckt wurde, ordnet sich ein spezifischeres Thema unter der Überschrift „digitale Souveränität in der Wirtschaft" ein. In diesem Thema treffen sich zwei komplementäre Diskussionsstränge, die in diesem Band beispielhaft vor dem Hintergrund von Innovationen im Maschinenbau diskutiert werden:

1. Zum einen sind dies Fragen der Arbeitsgestaltung, die in Deutschland besonders seit den 1970er-Jahren unter dem Motto „Humanisierung der Arbeit" adressiert wurden. Auch damals stellten sich angesichts des Aufkommens computergestützter Technologien – wie etwa computergesteuerter Werkzeugmaschinen (CNC, Computerized Numerical Control) – unterschiedliche Gestaltungsszenarien dar. Die liefen entweder auf eine weitgehende Automatisierung mit menschlichen „Resttätigkeiten" hinaus oder auf den Versuch, arbeitende Menschen durch nutzergerechte digitale Tools zu ermächtigen, ihre Handlungsmöglichkeiten und -spielräume auszuweiten. Gerade im deutschen Werkzeugmaschinenbau und bei den Herstellern von CNC-Steuerungen blieb es nicht beim Versuch: Es wurden eine ganze Reihe nutzer- und werkstattgerechter Steuerungs- und Programmiersysteme entwickelt, die bis heute ihren festen Platz im Markt haben – vor allem im Bereich besonders leistungsfähiger Werkzeugmaschinen.

2. Zum anderen geht es um die in jüngerer Zeit angesichts der aufkommenden digitalen Plattformökonomie entstehenden Herausforderungen insbesondere für kleine und mittlere Unternehmen der metallverarbeitenden Industrie. Für diese Unternehmen ist der Einstieg in mehr und mehr digitalisierte Geschäftsmodelle mit den vorhandenen digitalen Kompetenzen nur schwer zu bewältigen. Zugleich wird der Verlust der Verfügungsgewalt über eigene Daten befürchtet – etwa Betriebsdaten, die Werkzeugmaschinenhersteller und -betreiber im Kontext der vorausschauenden Instandhaltung erheben und analysieren. Weitergehende Befürchtungen beziehen sich auf den Verlust von Kernkompetenzen und strategisch relevantem Wissen durch Abhängigkeit von Datenspeicherungs- und Verarbeitungsressourcen, die von externen Dienstleistern (z. B. Cloud- oder Plattformbetreibern) in Anspruch genommen werden.

Plakativ zugespitzt könnte man die Situation so umreißen: Der Erhalt der Handlungsfähigkeit der Unternehmen ist heute eine ähnliche Herausforderung wie es seit Jahrzehnten der Erhalt der Handlungsfähigkeit ihrer Mitarbeiter:innen gewesen ist, jeweils vor dem Hintergrund der aktuellen technologischen Entwicklungen.

Darum geht es im Themenbereich „digitale Souveränität in der Wirtschaft": die Handlungsfähigkeit von Unternehmen wie von Beschäftigten angesichts stetig erweiterter Leistungsfähigkeit digitaler Technologien mindestens zu erhalten, möglichst zu fördern.

Der vorliegende Band untersucht diese Fragestellungen aus den verschiedenen Perspektiven von Maschinenbau und Informatik, Rechts- und Wirtschaftswissenschaften, Arbeitspsychologie und interdisziplinärer Technikforschung.

Wir hoffen, damit den einen oder anderen Impuls setzen zu können, der dazu beträgt, den deutschen Werkzeugmaschinenbau erfolgreich zu halten, im Sinne der Unternehmen und der Beschäftigten, die Werkzeugmaschinen herstellen und nutzen. Und wir werden als iit das Thema der digitalen Souveränität in der Wirtschaft weiterverfolgen und vorantreiben – beispielsweise mit einer Reihe von Symposien, von denen das erste ein Anlass für diesen Band ist.

Berlin   Dr. Ernst A. Hartmann
August 2020   Institut für Innovation und Technik (iit)

Inhaltsverzeichnis

Digitale Souveränität in der Wirtschaft – Gegenstandsbereiche, Konzepte und Merkmale

Ernst Andreas Hartmann[✉]

Institut für Innovation und Technik (iit), Steinplatz 1, 10623 Berlin, Deutschland
`hartmann@iit-berlin.de`

Zusammenfassung. Das Konzept der digitalen Souveränität wurde auf verschiedene Gegenstände (Staaten, Organisationen, soziale Bewegungen, Individuen) angewandt und unter verschiedenen Aspekten (nationale Souveränität, Datenschutz/Datensicherheit, Wettbewerbsfähigkeit, Bürgerrechte, Arbeitsgestaltung) diskutiert. Diese Gegenstände und Aspekte werden zunächst im Überblick dargestellt. Anschließend steht die digitale Souveränität in der Wirtschaft im Fokus. Für diesen Gegenstandsbereich werden zwei Arten von Akteuren als konstitutiv angenommen: Individuen (Personen) und Organisationen (korporative Akteure, zum Beispiel Unternehmen). Unter Rückgriff auf psychologische (Hacker) und soziologische (Coleman) Handlungstheorien wird das Konstrukt der *Handlung* als zentrale Beschreibungsdimension der digitalen Souveränität vorgeschlagen. Speziell das Konzept der effizient-divergenten Handlungsräume nach Rainer Oesterreich, das handlungs- mit kontrolltheoretischen Aspekten verbindet, weist Potenziale auf, digitale Souveränität nicht nur theoretisch präzise zu fassen, sondern auch als Grundlage für die praktische Messung – und perspektivisch die Zertifizierung – digitaler Souveränität in Wirtschaft und Arbeitswelt dienen zu können.

Schlüsselwörter: Digitale Souveränität · Handlungstheorie · Kontrolltheorie · Organisationsgestaltung · Technikgestaltung · Arbeitsgestaltung

1 Einleitung und Überblick

Das Konzept der digitalen Souveränität hat durch die zunehmende Digitalisierung aller gesellschaftlichen Bereiche – Wirtschaft und Arbeit, Bildung, Politik und Verwaltung, privates und soziales Leben – eine große Aufmerksamkeit in der fachlichen und öffentlichen Diskussion gewonnen. In einer früheren Publikation des Instituts für Innovation und Technik (iit) in der VDI/VDE Innovation + Technik GmbH (Wittpahl 2017) wurden etwa folgende Themen als wesentlich für eine Auseinandersetzung mit digitaler Souveränität erachtet:

- Dimension *Bürger*
  - Digitale Souveränität in sozialen Netzwerken und ihre Bedrohung am Beispiel der Social Bots
  - Digitale Partizipation in Wirtschaft (zum Beispiel Open Innovation) und Wissenschaft (zum Beispiel Open Science/Citizen Science)

E. A. Hartmann (Hrsg.): *Digitalisierung souverän gestalten,* S. 1–16, 2021.
https://doi.org/10.1007/978-3-662-62377-0_1

- Soziodigitale Souveränität als souveräne Haltung und Kompetenz von Individuen gegenüber sozial und kulturell eingebetteten digitalen Technologien
- Dimension *Unternehmen*
  - Digitale Souveränität als technologische Souveränität im Bereich digitaler Technologien wie etwa im Kontext Industrie 4.0, im Hinblick auf Bewertung, Nutzung und Herstellung solcher Technologien
  - Datenschutz und Privatheit in der digitalen Arbeitswelt
- Dimension *Staat*
  - Spannungsverhältnis zwischen Big Data/Data Science und traditioneller Statistik in der Beschreibung und Analyse politischer und gesellschaftlicher Realität
  - Staatliches Handeln zur Erhaltung und Förderung digitaler Souveränität im Kontext der ‚Sphären' Individuum, Organisation/Unternehmen, Nationalstaat und zwischenstaatliche/internationale/transnationale Akteure
  - Bildung für digitale Kompetenzen als zentrale Voraussetzung für digitale Souveränität auf allen Ebenen.

Gegenüber dieser sehr breiten Auffassung von digitaler Souveränität gibt es auch andere Konzepte, die etwa stärker auf eine staatspolitische (zum Beispiel Misterek 2017, Timmers 2019) oder staats- und völkerrechtliche (zum Beispiel Schaar 2015) Sichtweise setzen und/oder Aspekte des Datenschutzes und der Datensicherheit stärker in den Vordergrund rücken (zum Beispiel Posch 2017, aus Verbraucherschutzperspektive auch SVRV 2017). Im folgenden Kapitel sollen diese unterschiedlichen Kontexte und Konzepte digitaler Souveränität noch etwas systematischer dargestellt werden.

Für die Zwecke des hier vorliegenden Bandes – und des dahinterstehenden Projekts „Digitale Souveränität in der Wirtschaft" – sollen Fragen der digitalen Souveränität aus der Perspektive von zwei Arten von Akteuren betrachtet werden: Individuellen Personen in ihrer Rolle als Beschäftigte in der Wirtschaft einerseits und Unternehmen andererseits.

Beide Arten von Akteuren können zurückgreifend auf Hacker (2005, 2010) und Coleman (1984) als Initiatoren und Träger zielgerichteter Handlungen interpretiert werden. In diesem Sinne soll digitale Souveränität in der Wirtschaft als Handlungsfähigkeit von Individuen und Unternehmen in einer zunehmend digitalisierten Welt verstanden werden. Sehr eng verbunden mit dem Konzept der Handlungsfähigkeit sind Autonomie (Hackman und Oldham 1975) und Kontrolle im psychologischen Sinne der Kontrolle über die eigenen Arbeits- und Lebensumstände (Oesterreich 1981, Luchman und González-Morales 2013). Rainer Oesterreich (1981) verband Handlungs- und Kontrolltheorie in einer Weise, die große Potenziale zur Beschreibung und Analyse digitaler Souveränität aufweist. Diese Potenziale werden im Hinblick auf die beiden Akteurtypen Individuum und Organisation erkundet und dargestellt, mit Ausblicken auf die Analyse, Zertifizierung und Gestaltung von Systemen – im Sinne einzelner technischer Systeme wie auch komplexer Anwendungssituationen – in ihren Auswirkungen auf die digitale Souveränität von Individuen und Organisationen.

2 Kontexte und Bedeutungshintergründe digitaler Souveränität

In einer Überblicksarbeit beschreiben Stephane Couture und Sophie Toupin (2019) basierend auf einer Analyse sowohl wissenschaftlicher Literatur wie auch von Texten aus gesellschaftlichen und politischen Kontexten eine ganze Reihe von Bedeutungshintergründen für digitale Souveränität. Sie unterscheiden fünf Konzepte digitaler Souveränität, die sich (bis auf das zweite, siehe unten) mehr oder weniger stark abgrenzen von traditionellen Vorstellungen nationalstaatlicher Souveränität.

Das erste dieser Konzepte nennen die Autorinnen „Cyberspace-Souveränität". Dieses Konzept bezeichnet die Vorstellung, dass das Internet selbst ein „virtuelles Territorium" darstellt, das nicht notwendigerweise der Souveränität traditioneller Nationalstaaten untersteht – und, so meinen manche, auch nicht unterstehen sollte. Mitunter werden auch Multistakeholder-Foren wie das Internet Governance Forum (IGF) und Organisationen wie die Internet Corporation for Assigned Names and Numbers (ICANN) als Ausdrucksformen einer Souveränität der Akteure des Internets – jenseits nationalstaatlicher Souveränität – interpretiert.

Das zweite Konzept bezeichnet – komplementär oder auch in Konkurrenz zum ersten – die digitale Souveränität der Staaten und Regierungen. Diese Perspektive steht in der Tradition der in der zweiten Hälfte des 20. Jahrhunderts viel diskutierten Vorstellungen von und Forderungen nach technologischer Souveränität der Nationalstaaten, im Sinne von Verfügung über Technologien zur Förderung der eigenen Belange, wie etwa der eigenen Industrie und Innovationsfähigkeit. Sie bezieht sich auch unmittelbar auf die ursprüngliche Vorstellung von Souveränität als legitimierte und effektive Herrschaft über Territorien.

Der dritte Bedeutungshintergrund – vielleicht etwas ungewohnt aus europäischer Perspektive (die Autorinnen sind Kanadierinnen) – betrifft die indigene digitale Souveränität. Dahinter steht die Vorstellung, digitale Technologien für die Selbstbestimmung und die Selbstregierung der indigenen Völker – First Nations – zu nutzen, wobei der aktuelle Stand der Verfügung indigener Gruppen über diese Technologien als niedrig eingeschätzt wird. Einerseits im Kontrast, andererseits aber auch in Analogie zur oben besprochenen Souveränität der nationalstaatlichen Regierungen geht es hier um die digitale Souveränität der Völker und Nationen *ohne* Nationalstaat und ohne staatliche Souveränität.

Viertens unterscheiden die Autorinnen die digitale Souveränität sozialer Bewegungen. Hier spielen die Nutzung und eventuell auch die Entwicklung von Open Source Software ebenso eine besondere Rolle wie die eigenverantwortliche Verwendung von Verschlüsselungstechnologien. Die digitale Souveränität sozialer Bewegungen steht im Kontrast zur digitalen Souveränität und zur Macht von Regierungen und großen IT-Unternehmen.

Fünftens gibt es schließlich die persönliche digitale Souveränität, die digitale Souveränität der Individuen. In ähnlicher Weise wie bei der digitalen Souveränität der sozialen Bewegungen geht es hier weniger um eine passive Perspektive auf das

Individuum als Objekt staatlicher Schutzmaßnahmen, etwa im Kontext der Datenschutzgesetzgebung. Vielmehr wird eine aktive Rolle des Individuums in den Vordergrund gestellt, was sich etwa in einem kompetenten Umgang mit den eigenen Daten oder auch in der gezielten Nutzung von Verschlüsselungstechnologien äußert.

Die Autorinnen identifizieren eine Reihe von Gemeinsamkeiten und Unterschieden in den Sichtweisen auf digitale Souveränität, die sie in ihrer Analyse identifiziert haben.

Erstens beobachten sie in der Entwicklung der Diskussion über die Zeit eine Tendenz weg von einer fast ausschließlichen Betrachtung der staatlichen Ebene hin zu einer stärkeren Wahrnehmung von zivilgesellschaftlichen Gruppen und Individuen.

Zweitens erkennen sie das Konzept der digitalen Souveränität als geprägt von Ideen wie Unabhängigkeit, Autonomie und Kontrolle im Sinne von „control", also der Macht von Entitäten beziehungsweise (kollektiven) Subjekten – Staaten, Organisationen und Individuen – ihre Umwelt und ihre Lebensbedingungen zu kontrollieren, unter ihrer Kontrolle zu haben. Diese Unabhängigkeit, Autonomie und Kontrolle äußern sich in zwei Richtungen, erstens im Hinblick auf die Nutzung der Chancen der Technologien, der produktiven Aneignung der Technologien und ihrer Möglichkeiten für eigene Zwecke der jeweiligen individuellen oder kollektiven/ korporativen Akteure, zweitens im Hinblick auf den Schutz der Privatheit und der Datenhoheit aller dieser Akteure.

Drittens steht hinter den Konzepten der digitalen Souveränität oft der Anspruch, eine Gegenmacht zu sehr starken Akteuren – wie etwa den großen US-amerikanischen IT-Konzernen – aufzubauen.

Neben diesen Gemeinsamkeiten sehen die Autorinnen auch teilweise grundlegende Unterschiede zwischen den verschiedenen Konzepten digitaler Souveränität. So verwenden etwa autoritäre Staaten das Konzept staatlicher digitaler Souveränität dazu, weitreichende Formen der Machtausübung – einschließlich der Überwachung und Zensur digitaler Daten und Kommunikation – im Bereich ihrer Jurisdiktion bzw. im Bereich ihrer effektiven Handlungsfähigkeit zu realisieren und zu legitimieren. Soziale Bewegungen demgegenüber sehen ihre digitale Souveränität als Mittel der Abwehr einer solchen staatlichen Kontrolle und Herrschaftsausübung.

Vergleicht man nun die von Couture und Toupin (2019) beschriebenen fünf Kontexte der digitalen Souveränität – Cyberspace-Souveränität, Souveränität der Nationalstaaten, der Indigenen, der sozialen Bewegungen und der Individuen – mit den in dem von Volker Wittpahl (2017) herausgegebenen Band adressierten Akteuren Bürger, Unternehmen und Staat, wie oben in der Einleitung dargestellt, so fällt Folgendes auf:

- Staat und Individuen/Bürger werden in beiden Konzepten als Akteure und Träger digitaler Souveränität benannt.
- Die sozialen Bewegungen und indigenen Gruppen/Nationen fehlen in dem Band von Wittpahl (2017).
- Couture und Toupin (2019) wiederum betrachten Individuen nur als private Personen und nicht als arbeitende Menschen, Beschäftigte in Unternehmen oder anderen Organisationen.

- Unternehmen und andere Organisationen – abgesehen von solchen, die man den sozialen Bewegungen zurechnen könnte – werden von Couture und Toupin (2019) gar nicht als Subjekte digitaler Souveränität wahrgenommen, im Gegensatz zu den Konzepten bei Wittpahl (2017). Ein möglicher Grund dafür könnte sein, dass die digitale Souveränität der Unternehmen, ihre Handlungsfähigkeit in digitalen Umwelten gar nicht als fraglich oder bedroht wahrgenommen wurde. Demgegenüber stehen Befunde, die die digitale Souveränität zumindest von kleinen und mittleren Unternehmen (KMU) als prekär, bedroht und entwicklungsbedürftig erscheinen lassen (vgl. zum Beispiel den Beitrag 2 von Annelie Pentenrieder, Anastasia Bertini und Matthias Künzel in diesem Band).

Im Folgenden soll – die Darstellung bei Wittpahl (2017) aufgreifend – die digitale Souveränität in der Wirtschaft im Vordergrund stehen. Insofern wird hier ein bedeutsamer Kontext der digitalen Souveränität zum Gegenstand gemacht, der in der breiten fachlichen und öffentlichen Diskussion eher weniger thematisiert wird (Couture, Toupin 2019). Dabei werden sowohl Individuen in ihrer Arbeitswelt wie auch Unternehmen (Organisationen) als Träger der digitalen Souveränität betrachtet.

3   Digitale Souveränität in der Wirtschaft

3.1   Handlungsfähigkeit und Kontrolle von Individuen und Organisationen

Die Gestaltung von Arbeitswelten im Sinne der arbeitenden Menschen ist eine Kerndomäne der Arbeitspsychologie (Kleinbeck und Schmidt 2010). Eine bedeutsame Denkrichtung innerhalb der Arbeitspsychologie – die „Dresdner Schule" – stellt eine Theorie des menschlichen Handelns – die Handlungsregulationstheorie – in das Zentrum der Analyse und Gestaltung menschlicher Arbeit (Hacker 2005, 2010, Hacker und Richter 1990).

Neben individuellen Menschen können (beispielsweise nach dem grundlegenden theoretischen Ansatz von Coleman 1986) auch Organisationen wie etwa Unternehmen als korporative Akteure und somit auch als handelnde Subjekte betrachtet werden. Digitale Souveränität in der Wirtschaft wäre also in erster Näherung als Erhalt und möglichst Förderung der Handlungsfähigkeit von Individuen und Organisationen in wirtschaftlichen Kontexten zu verstehen.

Bereits oben in der Diskussion des Beitrags von Couture und Toupin (2019) wurde deutlich, dass Konzepte wie Unabhängigkeit, Autonomie und Kontrolle – im Sinne einer Kontrolle der individuellen oder korporativen Subjekte über ihre Umweltbedingungen – sehr nah mit der digitalen Souveränität verbunden sind, sie näher beschreiben können. In der Arbeitspsychologie gilt dies vor allem für das Konstrukt der Kontrolle als wesentliches, gerade auch für psychische und physische Gesundheit überragend bedeutsames Merkmal von Arbeitsbedingungen (vgl. grundlegend zum Beispiel Karasek 1989, für eine Überblicksdarstellung in deutscher Sprache Flammer,

Nakamura 2002, für einen Überblick über die empirischen Befunde de Jonge und Kompier 1997 sowie Luchman und González-Morales 2013).

Handlungs- und kontrolltheoretische Aspekte verknüpft Rainer Oesterreich (1981) in seinem Konzept des Handlungsraums und der Effizienz-Divergenz in Handlungsräumen. Im folgenden Abschnitt wird dieses Konzept etwas eingehender dargestellt, einschließlich der recht abstrakt-formalen Definitionen, die Oesterreich zur Beschreibung von Effizienz und Divergenz verwendet. Diese formalen, expliziten, mathematischen Beschreibungen werden auch deshalb dargestellt, weil sie für eine eventuelle spätere Verwendung des Effizienz/Divergenz-Konzepts im Kontext der Zertifizierung von digitalen Anwendungen und Produkten im Werkzeugmaschinenbau nützlich sein können, zur Operationalisierung der Bewertungskriterien.

Vor dieser formalen Darstellung sollen die Grundgedanken des Konzepts kurz qualitativ umrissen werden:

- Die Umwelten von Menschen und Organisationen lassen sich verstehen als *Handlungsräume,* in denen die handelnden Subjekte in einer bestimmten Situation Handlungsmöglichkeiten vorfinden. Von diesen Handlungsmöglichkeiten wählen sie eine aus, was sie zu einer neuen Situation führt, in der wiederum mehrere Handlungsmöglichkeiten bestehen (und so weiter, bis hin zu sehr komplexen Handlungsräumen).
- Die *Effizienz* einer solchen Situation bzw. eines Handlungsraums hängt nun davon ab, inwieweit sich von einer Situation aus durch die Auswahl geeigneter Handlungen möglichst *sicher* (mit hohen Wahrscheinlichkeiten) *bestimmte* Folgesituationen erreichen lassen.
- Die *Divergenz* hängt demgegenüber davon ab, *wie viele unterschiedliche* Folgesituationen von einer bestimmten Situation mit den dort verfügbaren Handlungen erreichbar sind.
- *Effizienz-Divergenz* kombiniert als Maß beide Aspekte

3.2   Handlungsraum, Effizienz und Divergenz: Formale Definitionen

Die oben grob qualitativ umrissene Beschreibung der Konzepte Handlungsraum Effizienz, Divergenz und Effizienz-Divergenz werden im Folgenden präziser und formal beschrieben.

Ein Handlungsraum kann zunächst verstanden werden als ein gerichteter Graph mit Situationen/Zuständen als Knoten und Handlungen als gerichteten – von der Gegenwart in die Zukunft, von einem Zeitpunkt zum nächsten, von tn zu tn+1 – Kanten. Da jede Situation wiederum als Ergebnis einer vorangegangenen Handlung interpretiert werden kann, heißen die Knoten beziehungsweise die Situationen in Oesterreichs Terminologie Konsequenzen, formal bezeichnet mit dem Symbol K.

Abb. 1 zeigt einige Beispiele für einfache Handlungssequenzen. Für jede Ausgangskonsequenz K_{tn} stehen mehrere Handlungen $H_1 \ldots H_n$ zur Verfügung. Jede dieser Handlungen führt entweder sicher zu einer bestimmten Konsequenz K_{tn+1} zum folgenden Zeitpunkt, oder sie führt mit Wahrscheinlichkeiten von jeweils kleiner als 1 zu mehreren Konsequenz K_{tn+1} zum nächsten Zeitpunkt. Jede der Konsequenzen K_{tn+1} zum zweiten Zeitpunkt kann nun wieder als Ausgangskonsequenz verstanden werden, für die mehrere Handlungen zur Verfügung stehen, die wiederum zu neuen Konsequenzen K_{tn+2} führen, und so weiter. Komplexe Handlungsräume lassen sich so aus den in Abb. 1 dargestellten einfachen Elementen als Bausteinen zusammensetzen.

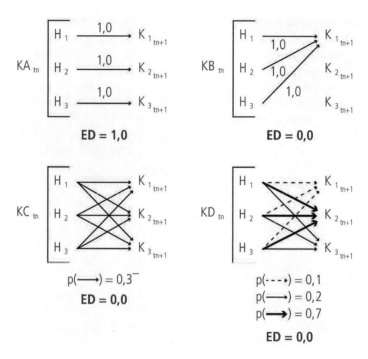

Abb. 1. Einige Beispiele für Effizienz-Divergenz (ED) bei einfachen Handlungssequenzen

Die Effizienz eines Handlungsraums wird nun dadurch bestimmt, wie hoch die Übergangswahrscheinlichkeiten der Handlungen sind, die von den Konsequenzen K_{tn} zu den Konsequenzen K_{tn+1} führen. Idealerweise führt jede Handlung sicher – mit p=1,0 – zu einer bestimmten Konsequenz K_{tn+1}, wie in Abb. 1 links oben für die Konsequenz KA_{tn} dargestellt.

Oesterreich (1983) schlägt als formale Beschreibung der Effizienz folgenden Ausdruck vor[1]:

$$E(K_{tn}) = \frac{N(K_{tn+1}) \cdot maxp(H_1 \ldots H_n) - 1}{N(K_{tn+1}) - 1} \tag{1}$$

---

[1] Nach dieser Formel hängt die Effizienz nur von der maximalen Wirkwahrscheinlichkeit einer Handlung der Ausgangskonsequenz ab, nicht – was die Situation differenzierter abbilden würde – von der Verteilung der Übergangswahrscheinlichkeiten aller Handlungen. Diese Beschränkung kann überwunden werden, wenn man in Anlehnung an Osterloh (1983) Effizienz, Divergenz und Effizienz-Divergenz als Entropien im informationstheoretischen Sinn modelliert.

Dabei sind $N(K_{tn+1})$ die Anzahl der Konsequenzen zum Zeitpunkt tn+1 und maxp($H_1 \ldots H_n$) die maximale Wirkwahrscheinlichkeit der zum Zeitpunkt tn verfügbaren Handlungen, also die maximale Wahrscheinlichkeit, mit der eine Handlung des früheren Zeitpunkts zu einer bestimmten Konsequenz des späteren Zeitpunkts führt.

Nun beschreibt eine hohe Effizienz alleine noch nicht eine für den handelnden Menschen befriedigende Situation. Dies illustriert die in Abb. 1 rechts oben für die Konsequenz KB_{tn} dargestellte Situation. Hier herrscht maximale Effizienz, alle Handlungen der Ausgangskonsequenz K_{tn} führen sicher mit der Wahrscheinlichkeit p=1,0 zu einer Folgekonsequenz K_{tn+1}; es handelt sich aber immer um dieselbe Konsequenz. Damit tritt unabhängig von der Handlungsentscheidung des Menschen zum Zeitpunkt tn immer derselbe Zustand in tn+1 ein. In einer solchen Situation kann man nicht sinnvoll von einer Kontrolle des Menschen sprechen.

Die Effizienz bedarf somit, um Kontrolle sinnvoll abbilden zu können, einer Ergänzung. Oesterreich schlägt für dieses komplementäre Konzept die Divergenz vor, verstanden als die Vielfalt von mit Handlungen des früheren Zeitpunkts erreichbaren Konsequenzen des späteren Zeitpunkts, die er wie folgt formal darstellt:

$$D(K_{tn}) = \frac{N\left(K_{tn+1,p>0}\right) - 1}{N(K_{tn+1}) - 1} \tag{2}$$

Dabei ist $N\left(K_{tn+1,p>0}\right)$ die Anzahl der zum Zeitpunkt tn+1 mit einer Wahrscheinlichkeit größer Null erreichbaren Konsequenzen. Die Divergenz ist konzeptionell sehr nahe an den arbeitspsychologischen Konzepten der Freiheitsgrade und des Handlungsspielraums (Hacker 1987, 2005; Osterloh 1983).

Auch die Divergenz alleine kann die Kontrolle beziehungsweise Kontrollierbarkeit eines Handlungsfelds aus Sicht des handelnden Menschen nicht adäquat abbilden. Dies illustrieren die in Abb. 1 unten für die Konsequenzen KC_{tn} und KD_{tn} dargestellten Situationen: Hier herrscht zwar jeweils vollständige Divergenz, weil alle Konsequenzen des Zeitpunkts tn+1 durch Handlungen des Zeitpunkts tn erreicht werden können. Das Eintreten einer jeweils bestimmten Konsequenz zum Zeitpunkt tn+1 ist allerdings völlig unabhängig von den Handlungen und den zu ihnen führenden Entscheidungen zum Zeitpunkt tn. Die Ausgangskonsequenzen KC_{tn} und KD_{tn} unterscheiden sich nur dahingehend, ob die Konsequenzen des Zeitpunkts tn+1 mit gleichen oder unterschiedlichen Wahrscheinlichkeiten erreicht werden; in beiden Fällen geschieht dies aber völlig unabhängig von den zum Zeitpunkt tn gewählten Handlungen.

Aus diesen Überlegungen wird deutlich, dass für eine (formale) Beschreibung der Kontrolle beziehungsweise der Kontrollierbarkeit eines Handlungsraums ein Konzept benötigt wird, das Effizienz *und* Divergenz berücksichtigt. Ein solches Konzept schlägt Oesterreich als Effizienz-Divergenz (ED) vor, das er wie folgt formal beschreibt:

$$ED(K_{tn}) = \frac{\left(\sum_{i=1}^{N(K_{tn+1})} maxp\left(K_{i_{tn+1}}\right)\right) - 1}{N(K_{tn+1}) - 1} \tag{3}$$

Dabei ist $\max p\left(K_{i_{tn+1}}\right)$ die maximale Wirkwahrscheinlichkeit, die zur Konsequenz $K_{i_{tn+1}}$ führt. Die Effizienz-Divergenz wird also umso größer, je mehr Konsequenzen des Zeitpunkts tn+1 mit jeweils möglichst hohen Wirkwahrscheinlichkeiten erreicht werden können. Dies ist optimal im Fall der in Abb. 1 links oben für die Konsequenz KA_{tn} dargestellte Situation gegeben: Es sind alle Konsequenzen des Zeitpunkts tn+1 erreichbar (Divergenz), und zwar jeweils mit maximaler Wahrscheinlichkeit – also sicher – durch jeweils eine – und nur eine – bestimmte Handlung (Effizienz). Die Effizienz-Divergenz ist somit ein geeignetes Maß für die Kontrolle in einem Handlungsfeld beziehungsweise für die Kontrollierbarkeit des Handlungsfelds.

3.3 Soziodigitale Souveränität von Individuen und Organisationen: Möglichkeiten der Gestaltung

Das Konzept der Effizienz-Divergenz wurde zur Konstruktion des Arbeitsanalyse- und Bewertungsverfahrens VERA (Verfahren zur Ermittlung von Regulationserfordernissen in der Arbeitstätigkeit) verwendet (Oesterreich 1984). Eine Anwendung zur Gestaltung soziotechnischer Systeme (Trist und Bamforth 1951, Ulrich 2013) im Allgemeinen oder zur Analyse digitaler Souveränität im Besonderen wurde nach Kenntnis des Autors bislang nicht untersucht. Da sich dieses Konzept, wie oben dargestellt, jedoch sehr gut eignet, um das als Kernaspekt der digitalen Souveränität diskutierte Konstrukt der Kontrolle recht explizit und präzise zu beschreiben, soll genau dies im Folgenden untersucht und dargestellt werden: Die Potenziale der Effizienz-Divergenz zur Beschreibung und Gestaltung der digitalen Souveränität sowohl von Beschäftigten wie von Unternehmen.

Im Folgenden wird zunächst versucht, aus der Perspektive der Individuen beziehungsweise der Beschäftigten wesentliche Aspekte ihrer digitalen Souveränität systematisch darzustellen.

Tab. 1 zeigt – im Sinne einer hypothetischen Zuordnung – Aspekte der soziodigitalen (vgl. auch Stubbe 2017) Souveränität in Relation zu den Aspekten der Kontrolle – Effizienz und Divergenz. Von *sozio*digitaler Souveränität wird hier gesprochen, weil die Interaktion des Menschen mit den digitalen Systemen eingebettet ist in eine soziale Umwelt. Im Kontext der Arbeitswelt ist es üblich, diese Umwelt als soziotechnisches System, bestehend aus den Teilsystemen Mensch, Technik und Organisation, zu verstehen (Trist, Bamforth 1951, Ulich 2013, speziell mit Bezug zu KI-Anwendungen Mueller et al. 2019). Dabei ist grundsätzlich davon auszugehen, dass die Gestaltung der Arbeitsorganisation den größten Einfluss auf die menschliche Arbeit hat, hinsichtlich sowohl Produktivität und anderen ökonomischen Kennwerten einerseits als auch Arbeitsqualität im arbeitspsychologischen Sinne andererseits. Dies liegt daran, dass die durch die Organisationsgestaltung definierte Verteilung und Kombination von Aufgaben den Kern der Arbeit, die Arbeitsinhalte, bestimmt. Die Auswirkung der Gestaltung des technischen Teils wird immer in diesem organisationalen Kontext zu bewerten sein (Hacker 1987).

Die Elemente der soziodigitalen Souveränität auf der Ebene des Individuums sind in Tab. 1 in den Spalten nach den Teilsystemen des soziotechnischen Systems – Mensch, Technik, Organisation – angeordnet, in den Zeilen nach den Aspekten der Kontrolle – Effizienz und Divergenz.

Tab. 1. Elemente der soziodigitalen Souveränität auf der Ebene des Individuums

Aspekt der Kontrolle	Mensch	Technik	Organisation
Übergeordnet/ Voraussetzung	Digitales Grundwissen/ Digital Literacy	Transparenz/Erklärbarkeit	Transparenz über Aufgaben und Entscheidungsbefugnis
Effizienz	Aufgabenbezogenes (digitales) Spezialwissen	Technische Zuverlässigkeit, Robustheit, Resilienz	Aufgabenteilung und -kombination, Soziale Unterstützung
Divergenz	Interdisziplinäres (digitales) Spezialwissen, Kompetenzen als Selbstorganisationsdispositionen.	Eingriffsmöglichkeiten in das System auf wählbaren Regulationsebenen	Entscheidungs-, Tätigkeits-, Handlungsspielräume

Für alle drei Teilsysteme gibt es zunächst allgemeine Voraussetzungen, die mit der Transparenz des digitalen Handlungsfelds aus der Sicht des Menschen zu tun haben. Entscheidend für das Kontrollerleben und die vom Menschen tatsächlich ausgeübte Kontrolle ist ja nicht die objektive Kontrolle, die das Handlungsfeld grundsätzlich gemäß seiner Merkmale ermöglicht, sondern die subjektive Kontrolle, die vom Menschen wahrgenommenen Kontrollmöglichkeiten. Eine in diesem Sinne elementare Voraussetzung im Bereich des Teilsystems Mensch ist eine digitale Grundbildung, eine elementare Digital Literacy (vbw 2018). Seitens des Teilsystems Organisation ist es eine grundsätzliche Transparenz über die dem Individuum zugewiesenen Aufgaben und über seine Entscheidungsbefugnis.

Die Transparenz im Bereich des technischen Teilsystems ist aktuell Gegenstand intensiver Diskussion, sofern es sich um Systeme mit Künstlicher Intelligenz (KI) handelt (zum Beispiel EPFL IRGC 2018, Zweig 2019); teilweise wird sogar bestritten, dass Transparenz von KI-Systemen möglich oder auch wünschenswert ist (Ananny und Crawford 2018). Im Einklang mit der Mehrheit der Autorinnen und Autoren soll hier allerdings die Auffassung vertreten werden, dass Transparenz im Kontext von KI-Systemen eine herausfordernde, aber prinzipiell lösbare Aufgabe ist. Dies gilt unter der Bedingung, dass – insbesondere bei komplexen, dynamischen KI-Systemen (maschinelles Lernen, neuronale Netze) – der Anspruch nicht darin besteht, transparent zu machen, wie die Algorithmen im Detail ,wirklich' funktionieren; dies dürfte in vielen Fällen objektiv nicht möglich sein. Demgegenüber besteht eine sinnvolle Forderung darin, dass KI-Systeme *erklärbar* sein sollen (Englisch: Explainable AI, XAI; Mueller et al. 2019; vgl. auch die Beiträge 4 von Florian Eiling und Marco Huber sowie 11 von Roland Vogt in diesem Band). Das bedeutet, dass das System ,hinreichend gute' Erklärungen für sein Verhalten geben kann. Zu diesem Zweck kann zum Beispiel das Verhalten eines neuronalen Netzes über einen – für den Menschen nachvollziehbaren – Entscheidungsbaum angenähert werden. Dabei muss immer bedacht werden, dass es sich bei diesen Erklärungen um Approximationen, nicht um Darstellungen der – objektiv kaum nachvollziehbaren – tatsächlichen Arbeitsweise des (lernenden) Algorithmus handelt. Für die praktische

Gestaltung erklärbarer XAI-Systeme stehen mittlerweile viele Modelle und Werkzeuge zur Verfügung (zum Beispiel Nushi et al. 2018, Mueller et al. 2019, Wang et al. 2019).

Speziell für den Aspekt der Effizienz ist seitens des Teilsystems Mensch ein hinreichendes Fachwissen erforderlich, um sich in digitalen Handlungsfeldern sicher bewegen zu können. Dies umfasst sowohl einschlägiges Domänenwissen sowie – je nach Art der eingesetzten digitalen Systeme und je nach Aufgabenzuschnitt (siehe unten) – auch digitales Spezialwissen (vgl. hierzu auch den Beitrag 2 von Thorsten Reckelkamm und Jochen Deuse in diesem Band). Seitens des Teilsystems Organisation wird durch die grundsätzliche Aufgabenteilung und -kombination bestimmt, inwieweit die jeweiligen Arbeitsaufgaben überhaupt von Menschen auf hohem und nachhaltigem Leistungsniveau bearbeitet werden können (vgl. das Konzept der vollständigen Tätigkeiten, Hacker 1987, 2005, 2010, Hacker und Richter 1990). Auch die soziale Unterstützung von Kollegen und Vorgesetzten, die die Effizienz positiv beeinflussen kann, hängt ganz wesentlich von betrieblichen Organisationskonzepten ab.

Für das technische Teilsystem sind unter dem Aspekt der Effizienz Merkmale wie technische Zuverlässigkeit, Robustheit und Resilienz der technischen Systeme. beispielsweise der KI-Systeme beziehungsweise Algorithmen, wesentlich (vgl. dazu auch den Beitrag 11 von Roland Vogt in diesem Band). Fragen der Qualität von Algorithmen sind anspruchsvoll (Zweig 2018, 2019), was teilweise noch dadurch erschwert wird, dass sich bestimmte relevante Qualitätsmaßstäbe untereinander logisch-mathematisch widersprechen (Zweig und Krafft 2018). Für die Analyse und Behebung von Fehlern beziehungsweise Fehlfunktionen in KI-Systemen wurden Methoden vorgeschlagen, die die Ressourcen von Menschen und technischen Systemen gleichermaßen nutzen (Nushi et al. 2018).

Bezüglich der Divergenz ist ein wesentliches Merkmal des Teilsystems Mensch das Vorhandensein kognitiver Ressourcen, die nicht nur die Bewältigung definierter, immer gleicher Anforderungen erlauben, sondern auch in neuen, ungewohnten, dynamischen Situationen Handlungsfähigkeit ermöglichen. Neben interdisziplinärem Wissen sind dies insbesondere Kompetenzen im von John Erpenbeck definierten Sinn als Selbstorganisationsdispositionen (Erpenbeck et al. 2017). Hinsichtlich des organisationalen Teilsystems sind Freiheitsgrade und Handlungsspielräume ganz zentrale Voraussetzungen von Divergenz (Osterloh 1983, Hacker 2005).

Für das Teilsystem Technik lassen sich eine ganze Reihe von Gestaltungsprinzipien benennen, die Divergenz fördern. Besonders soll das Ecological Interface Design (EID) hervorgehoben werden (Vicente und Rasmussen 1992, Lüdtke 2015). Dieser Gestaltungsansatz beruht auf der Vorstellung hierarchisch aufgebauter Handlungskontrolle bzw. -regulation (Hacker 2005; Rasmussen 1983). Auf den obersten dieser Regulationsebenen menschlicher Handlungen werden komplexe, zielgerichtete Handlungspläne – gegebenenfalls je nach Situation völlig neu – entwickelt (knowledge based behaviour bei Rasmussen, intellektuelle Regulationsebene bei Hacker), auf den untersten Ebenen (skill based behaviour beziehungsweise sensomotorische Regulationsebene) werden einfache sensorische, kognitive oder motorische Routinen quasi ‚automatisch' abgearbeitet. Zwischen diesen Ebenen gibt es eine mittlere, die an Handlungsschemata orientiert ist (rule based behaviour bzw.

perzeptiv-begriffliche Regulationsebene). Der EID-Ansatz läuft nun darauf hinaus, komplexe Mensch-Maschine-Schnittstellen so zu gestalten, dass die Nutzenden möglichst zu jeder Zeit die Möglichkeit haben, wahlweise auf jeder dieser Handlungsregulationsebenen in das System einzugreifen. Dies kann als ein sehr ausdifferenzierter Sonderfall eines ‚*On*-the loop-Designs' (EPFL IRGC 2018) verstanden werden – im Unterschied zu *off*-the-loop (Nutzer kann gar nicht in Systemprozesse eingreifen) und *in*-the-loop (Nutzer ist ständig in die Systemsteuerung eingebunden).

Ein weiteres Beispiel ist die Gestaltung von Interaktionen zwischen Menschen und Algorithmen in einer Weise, die es den Menschen erlaubt, kognitive Verzerrungen zu überwinden, wie etwa den *confirmation bias*, also die Neigung, solche Informationen zu suchen und hoch zu bewerten, die zu bereits gefassten (Vor-) Urteilen passen (Wang et al. 2019). Durch solche Mensch-Technik-Interaktionen entstehen neue Möglichleiten des menschlichen Handelns, sie wirken somit divergenzfördernd.

Tab. 2 zeigt Elemente der soziodigitalen Souveränität auf der Ebene der Organisation. Die Zeilen der Tabelle entsprechen wie oben im Fall der Individuen den beiden Aspekten der Kontrolle – Effizienz und Divergenz. In den Spalten finden sich in Anlehnung an die Dimensionen des iit-Innovationsfähigkeitsindikators[2] die drei Kapitalarten Human-, Struktur- und Beziehungskapital.

Human- und Strukturkapital spiegeln die oben für die Individuen in den Kategorien Mensch und Organisation abgebildeten Sachverhalte aus der Perspektive des Unternehmens beziehungsweise der Organisation.

Humankapital bezeichnet das für die Organisation verfügbare Wissen der Beschäftigten. Im Hinblick auf die Effizienz ist dabei eher die Tiefe des (digitalen) Fachwissens bedeutsam, für die Divergenz ist es eher die Vielfalt[3] dieses Wissens.

Tab. 2 Elemente der soziodigitalen Souveränität auf der Ebene der Organisation

Aspekt der Kontrolle	Humankapital	Strukturkapital	Beziehungskapital
Effizienz	Tiefe des (digitalen) Fachwissens	Single-loop learning	Verlässlichkeit der (digitalen) Dienstleistungsbeziehungen
Divergenz	Vielfalt des (digitalen) Fachwissens	Double-loop learning	Handlungsspielräume innerhalb der (digitalen) Dienstleistungsbeziehungen

---

[2] www.iit-berlin.de/de/indikator. Auf das dort zusätzlich angesprochene Komplexitätskapital wird hier aus Gründen der Darstellbarkeit verzichtet.

[3] Dieser Aspekt der Vielfalt wird im iit-Innovationsfähigkeitsindikator über das Komplexitätskapital abgebildet.

Das Strukturkapital beschreibt Potenziale der internen Strukturen der Organisation, also letztlich ihrer organisatorischen Ausgestaltung, insbesondere unter den Aspekten der Lern- und Innovationspotenziale. Dabei kommen die bekannten Modelle des organisationalen Lernens zum Tragen (Argyris und Schön 1996). Effizienz wird aufgebaut durch *single-loop learning*, das fortlaufende Verbessern etablierter Prozesse. Divergenz entsteht durch *double-loop learning*, das Entwickeln neuer organisationaler Prozesse.

Beziehungskapital schließlich betrifft die Beziehungen des Unternehmens zu externen Akteuren. Im Kontext der digitalen Souveränität sind hier besonders IT-Dienstleister von Interesse, etwa Anbieter von Cloud- und Plattformdiensten. Für die Effizienz der Organisation ist dabei die Verlässlichkeit des Anbieters wesentlich, hinsichtlich Datenschutz und -sicherheit sowie Verfügbarkeit der Daten. Die Divergenz hängt davon ab, inwieweit der Dienstleistungsvertrag unterschiedliche Handlungsweisen zulässt, wie etwa die Speicherung von Daten an wählbaren Orten.

Denise Joecks-Laß und Karsten Hadwich beschreiben im Beitrag 6 in diesem Band unter dem Aspekt der Kundenentwicklung viele Konzepte und Methoden, die die Ausgestaltung der Dienstleistungsbeziehungen im Sinne digitaler Souveränität der Kunden unterstützen können.

4 Zertifizierung und Gestaltung digitaler Handlungsfelder mit hoher Kontrollierbarkeit

Die oben dargestellte Sichtweise auf digitale Souveränität unter dem Aspekt der Kontrolle – mit den Facetten Effizienz und Divergenz – erlaubt es, eine ganze Reihe von Fragestellungen, die die digitale Souveränität von Individuen und Organisationen betreffen, systematisch herzuleiten.

Für die Zukunft sollte geprüft werden, ob sich das Konzept der Kontrolle im Oesterreich'schen Sinne – vielleicht gerade auch wegen seines relativ hohen Grades an Formalisierung – dazu eignet, im Rahmen von Zertifizierungsprozessen im Kontext der digitalen Souveränität verwendet zu werden (vgl. auch den Beitrag 11 von Roland Vogt in diesem Band).

Zunächst könnten eine Operationalisierung und ein Messkonzept für Kontrolle mit den Aspekten Effizienz und Divergenz für *Anwendungen* digitaler Systeme entwickelt werden. Das hätte den Vorteil, dass für konkrete Anwendungsfälle der gesamte systemische Kontext digitaler Souveränität, wie oben in den Tab. 1 und 2 dargestellt, berücksichtigt werden kann. Eine solche Zertifizierung wäre interessant etwa für innerbetriebliche Regelungen zur Einführung digitaler Technologien und Prozesse.

In einem zweiten Schritt könnte geprüft werden, inwieweit dieses Messkonzept übertragbar ist auf *digitale Produkte und Dienstleistungen*. Eine solche Zertifizierung wäre interessant für Anbieter digitaler Produkte und Dienstleistungen als Marketing-Instrument und für deren Kunden als Orientierungshilfe bei Kauf- bzw. Kooperationsentscheidungen.

Literatur

Ananny, M., Crawford, K.: Seeing without knowing: limitations of the transparency ideal and its application to algorithmic accountability. New Media Soc. **20**(3), 973–989 (2018)

Argyris, Ch., Schön, D.A.: Organizational Learning II. Addison-Wesley, Boston/Mass (1996)

Coleman, J.S.: Social theory, social research, and a theory of action. Am. J. Sociol. **91**(6), 1309–1335 (1986)

Couture, S., Toupin, S.: What does the notion of 'sovereignty' mean when referring to the digital? New Media Soc. **21**(10), 2305–2322 (2019)

de Jonge, J., Kompier, M.A.J.: A critical examination of the demand-control-support model from a work psychological perspective. Int. J. Stress Manag. **4**(4), 235–258 (1997)

IEPFL IRGC: The Governance of Decision-Making Algorithms. EPFL International Risk Governance Center, Lausanne (2018)

Erpenbeck, J., v. Rosenstiel, L., Grote, S., Sauter, W. (Hrsg.): Handbuch Kompetenzmessung, 3. überarbeitete und erweiterte Auflage. Schäffer-Poeschel, Stuttgart (2017)

Flammer, A., Nakamura, Y.: An den Grenzen der Kontrolle. In: Jerusalem, M. Hopf, D. (Hrsg): Selbstwirksamkeit und Motivationsprozesse in Bildungsinstitutionen (Zeitschrift für Pädagogik, 44. Beiheft). Beltz, Weinheim und Basel (2002)

Hacker, W.: Software-Ergonomie; Gestalten Rechnergestützter Geistiger Arbeit?! In: Schönpflug, W., Wittstock, M. (Hrsg.) Software-Ergonomie '87 Nützen Informationssysteme dem Benutzer? Berichte des German Chapter of the ACM. Vieweg+Teubner, Wiesbaden (1987)

Hacker, W.: Allgemeine Arbeitspsychologie, 2., vollständig überarbeitete und ergänzte Aufl. Huber, Bern (2005)

Hacker, W.: Psychische Regulation von Arbeitstätigkeiten. In: Kleinbeck, U., Schmidt, K.-H. (Hrsg.) Arbeitspsychologie. Hogrefe, Göttingen (2010)

Hacker, W., Richter, P.: Psychische Regulation von Arbeitstätigkeiten – ein Konzept in Entwicklung. In: Frei, F., Udris, I. (Hrsg.) Das Bild der Arbeit. Huber, Bern (1990)

Hackman, J.R., Oldham, G.R.: Development of the job diagnostic survey. J. Appl. Psychol. **60**(2), 159–170 (1975)

Karasek, R.: Control in the workplace and its health-related aspects. In: Sauter, S.L., Hurrell, J.J., Cooper, C.L. (Hrsg.) Job Control and Worker Health (129–160). Wiley, Chichester (1989)

Kleinbeck, U., Schmidt, K.-H. (Hrsg.): Arbeitspsychologie. Hogrefe, Göttingen (2010)

Luchman, J.N., González-Morales, M.G.: Demands, control, and support: a meta-analytic review of work characteristics interrelationships. J. Occup. Health Psychol. **18**(1), 37–52 (2013)

Lüdtke, A.: Wege aus der Ironie in Richtung ernsthafter Automatisierung. In: Botthof, A., Hartmann, E. A. (Hrsg.) Zukunft der Arbeit in Industrie 4.0. Springer Vieweg, Heidelberg, Berlin (2015)

Misterek, F.: Digitale Souveränität: Technikutopien und Gestaltungsansprüche demokratischer Politik. MPIfG Discussion Paper, No. 17/11. Max Planck Institute for the Study of Societies, Cologne (2017)

Mueller, S.T., Hoffman R.R., Clancey, W., Emrey, A., Klein, G.: Explanation in Human-AI Systems: A Literature Meta-Review, Synopsis of Key Ideas and Publications, and Bibliography for Explainable AI (2019). https://arxiv.org/ftp/arxiv/papers/1902/1902.01876.pdf

Nushi, B., Kamar, E., Horvitz, E.: Towards Accountable AI: Hybrid Human-Machine Analyses for Characterizing System Failure (2018). https://arxiv.org/pdf/1809.07424.pdf

Oesterreich, R.: Handlungsregulation und Kontrolle. Urban & Schwarzenberg, München (1981)

Oesterreich, R.: Zur Analyse von Planungs- und Denkprozessen in der industriellen Produktion – Das Arbeitsanalyseinstrument VERA. Diagnostica **30**(3), 216–234 (1984)

Osterloh, M.: Handlungsspielräume und Informationsverarbeitung. Huber, Bern (1983)

Posch, R.: Digital sovereignty and IT-security for a prosperous society. In: Werthner, H, van Harmelen, F, (Hrsg.) Informatics in the Future – Proceedings of the 11th European Computer Science Summit (ECSS 2015). Vienna, October 2015. Springer, Berlin (2017)

Rasmussen, J.: Skills, rules, and knowledge; signals, signs, and symbols, and other distinctions in human performance models. IEEE Trans. Syst., Man, and Cyber. **13**(3), 257–266 (1983)

Schaar, P.: Globale Überwachung und digitale Souveränität. Z. Außen- Sicherheitspolitik **8**(4), 447–459 (2015)

Stubbe, J.: Von digitaler zu soziodigitaler Souveränität. In: Wittpahl, V. (Hrsg.) Digitale Souveränität. Bürger, Unternehmen, Staat. Springer Vieweg Open, Berlin (2017)

SVRV – Sachverständigenrat für Verbraucherfragen: Digitale Souveränität – Gutachten des Sachverständigenrats für Verbraucherfragen. SVRV, Berlin (2017)

Timmers, P.: Ethics of AI and Cybersecurity When Sovereignty is at Stake. Mind. Mach. **29**(4), 635–645 (2019). https://doi.org/10.1007/s11023-019-09508-4

Trist, E.L., Bamforth, K.W.: Some social and psychological consequences of the longwall method of coal-getting: an examination of the psychological situation and defences of a work group in relation to the social structure and technological content of the work system. Hum. Relat. **4**, 3–38 (1951)

Ulich, E.: Arbeitssysteme als soziotechnische Systeme – Eine Erinnerung. J. Psychologie des Alltagshandelns **6**(1), 4–12 (2013)

vbw – Vereinigung der Bayerischen Wirtschaft e. V. (Hrsg.): Digitale Souveränität und Bildung. Gutachten des Aktionsrats Bildung. Waxmann, Münster (2018)

Vicente, K.J., Rasmussen, J.: Ecological interface design: theoretical foundations. IEEE Trans. Syst., Man, and Cyber. **22**(4), 589–606 (1992)

Wang. D., Yang, Q., Abdul, A., Lim, B. Y.: Designing theory-driven user-centric explainable AI. CHI 2019, May 4–9, 2019, Glasgow (2019)

Wittpahl, V. (Hrsg.): Digitale Souveränität. Bürger, Unternehmen, Staat. Springer Vieweg Open, Berlin (2017)

Zweig, K.A.: Wo Maschinen irren können – Fehlerquellen und Verantwortlichkeiten in Prozessen algorithmischer Entscheidungsfindung. Bertelsmann Stiftung, Gütersloh (2018)

Zweig, K.A.: Algorithmische Entscheidungen: Transparenz und Kontrolle. Analysen & Argumente Nr. 338. Konrad-Adenauer-Stiftung, Berlin (2019)

Zweig, K.A., Krafft, T.D.: Fairness und Qualität algorithmischer Entscheidungen. In Mohabbat Kar, R. Thapa, B.E.P, Parycek, P. (Hrsg.) (Un)berechenbar? Algorithmen und Automatisierung in Staat und Gesellschaft. Fraunhofer-Institut für Offene Kommunikationssysteme FOKUS, Kompetenzzentrum Öffentliche IT (ÖFIT), Berlin (2018). https://nbn-resolving.org/urn:nbn:de:0168-ssoar-57570-1

Digitale Souveränität als Trend?

Der Werkzeugmaschinenbau als wegweisendes Modell für die deutsche Wirtschaft

Annelie Pentenrieder[✉], Anastasia Bertini, und Matthias Künzel

Institut für Innovation und Technik (iit), Berlin, Deutschland
{pentenrieder,bertini,kuenzel}@iit-berlin.de

Zusammenfassung. Digitale Technologien und ihre Auswirkungen auf Arbeitsverhältnisse beschäftigen aktuell viele Branchen. Fachkräfte ebenso wie Manager können jedoch schwer einschätzen, was für sie und ihr Unternehmen – insbesondere für kleinere Unternehmen – nötig ist, um inmitten der Digitalisierung weiterhin souverän zu agieren. Digitale Souveränität bedeutet in diesem Kontext, den Überblick über neue technische Möglichkeiten zu behalten, um informiert entscheiden und zwischen alternativen digitalen Angeboten das Passende für das eigene Unternehmen auswählen zu können. Im Fokus des Beitrags stehen KMU im Werkzeugmaschinenbau, denn gerade dieser Industriezweig steht seit vielen Jahrzehnten für das Gestaltungsprinzip der Souveränität von Menschen im Umgang mit Maschinen ein. Hochqualifiziertes Fachpersonal wird in diesem Bereich stetig an hochtechnisierten Maschinen aus- und weitergebildet. Dieser Umstand führt dazu, dass im Werkzeugmaschinenbau Hightech mit hoher Flexibilität angeboten werden kann. Auf der Grundlage von Literaturrecherchen und Experteninterviews aus den Bereichen Produktionstechnik, Arbeitswissenschaften und Geschäftsmodellentwicklung wurden Themen und Trends identifiziert, die mit der Frage nach digitaler Souveränität im Zusammenhang stehen: rechtliche Rahmenbedingungen, Datenschutz, digitaler Kompetenzaufbau und -entwicklung, Datenspeicherkonzept, globaler Wettbewerb, Unternehmensgröße und damit verbundene Handlungsspielräume, Unternehmenskollaborationen, Austausch von Informationen zwischen den Unternehmen, Individualisierung von KI-basierten Technologien. Es zeigt sich, dass „digitale Souveränität" ein zukünftiges Gestaltungsprinzip digitaler Systeme werden könnte, das gerade für KMU im Werkzeugmaschinenbau innovationsfördernde Auswirkungen haben kann.

Schlüsselwörter: Digitale Souveränität · Werkzeugmaschinenbau · Transparente Technikgestaltung

E. A. Hartmann (Hrsg.): *Digitalisierung souverän gestalten,* S. 17–30, 2021.
https://doi.org/10.1007/978-3-662-62377-0_2

1 Einführung

Digitale Technologien und ihre Auswirkungen auf Arbeitsverhältnisse beschäftigen aktuell viele Branchen. Neue Ausprägungen der Digitalisierung – wie Cloudkonzepte, künstliche Intelligenz (KI) oder smarte Fabriken – lassen als Begrifflichkeiten noch unklar, was die technischen Infrastrukturen und Prozesse dahinter tatsächlich leisten können und wie mit ihnen im Arbeitsalltag umzugehen ist. Für Fachkräfte ebenso wie für die Manager:innen einzelner Unternehmen ist schwer einzuschätzen, was zukünftig erforderlich sein wird, um inmitten dieser komplexen Technologievielfalt als Mensch und als Unternehmen – insbesondere als kleines, mittelständisches Unternehmen (KMU) – souverän zu bleiben. Souverän bedeutet in diesem Kontext, einen Überblick über neue technische Möglichkeiten zu erhalten, um informiert zwischen alternativen digitalen Optionen das passende mehrwertstiftende Angebot für das eigene Unternehmen auswählen zu können. Besonders attraktiv sind dabei jene Technologien, mit denen weiterhin alle Geschäftsprozesse eigenständig bestimmt, gestaltet und verantwortet werden können. Auf Basis dieser Herausforderungen ist ein Diskurs um digitale Souveränität entstanden (BMWi 2018; Stubbe et al. 2019; Wittpahl 2017), der sich von Fragen zu Datenschutz und Datenhoheit (Ensthaler und Haase 2017) bis hin zur Erklärbarkeit von KI-Technologien (Wachter et al. 2018; Molnar 2019) erstreckt. Gegenwärtig zeichnet sich ab, dass viele digitale Technologien vor allem größeren Unternehmen einen Wettbewerbsvorteil durch Skalierung und Kostendegression ermöglichen: Während im produzierenden Bereich circa 25 % der Großunternehmen KI-Technologien einsetzen, sind es bei den KMU nur 15 % der Unternehmen (PAiCE 2018).

Der Werkzeugmaschinenbau bietet sich aus den folgenden Gründen als Branche an, um an ihm das Konzept der digitalen Souveränität – auch modellhaft für andere Branchen – weiter zu schärfen:

- Die hochtechnisierten Werkzeugmaschinen deutscher Unternehmen nehmen aktuell eine starke Position am Weltmarkt ein.
- Sowohl die Anbieter- als auch die Anwenderseite von Werkzeugmaschinen besteht aus einer heterogenen Mischung großer und kleiner Unternehmen.
- Speziell im Werkzeug- und Formenbau, in dem Werkzeugmaschinen im Alltag angewendet werden, können vielfältige Arbeitsprozesse hochqualifizierter Fachkräfte betrachtet werden.
- Das Zusammenspiel aus hochkomplexen Technologien und hochqualifizierten Fachkräften kann neue Ideen hervorbringen, wie digitale Souveränität auch in Zukunft gewährleistet werden kann.

Werkzeugmaschinen als langlebige Investitionsgüter setzen eine breite Vielfalt von umformenden, subtraktiven und additiven Fertigungsverfahren um. Häufig in Einzel- und Kleinserienfertigungen verwenden hochausgebildete Facharbeiter:innen bei den Anwenderunternehmen solche hochtechnisierten Arbeitsmittel wie etwa

CNC-gesteuerte 5-Achs-Fräsmaschinen. Gerade von deutschen Herstellern wurden seit den 1980er Jahren dazu werkstattorientierte CNC-Steuerungs- und Programmiersysteme entwickelt, die den Facharbeiter:innen passende Werkzeuge für ihre Arbeit zur Verfügung stellen (Blum und Hartmann 1988). Das nutzerzentrierte und lernförderliche Technikdesign, mit dem diese Systeme und vor allem ihre Benutzeroberflächen gestaltet sind, hat erheblich dazu beigetragen, dass trotz des Einzugs von Automatisierung und Industrierobotern (3. industrielle Revolution) die Kompetenzen von Facharbeiter:innen in der Produktion erhalten und weiterentwickelt werden konnten. Mit der Digitalisierung zeichnet sich nun ab, dass durch den Einsatz von Techniken der KI sogar für die Einzel- und Kleinserienfertigung hoch anspruchsvoller Werkstücke weitere Automatisierungsschritte möglich sind (4. industrielle Revolution). Daraus ergibt sich die Herausforderung, für das stetig komplexer werdende technische Niveau Lösungen zu finden, durch die den hochqualifizierten Facharbeiter:innen weiterhin vielfältige Handlungsmöglichkeiten gegeben werden.

Im vorliegenden Beitrag werden zunächst aktuelle Trends der Digitalisierung im Werkzeugmaschinenbau identifiziert. Daraus zeichnet sich ab, dass gerade für KMU, die im Vergleich zu großen Unternehmen nur begrenzte Ressourcen für Forschung und Entwicklung aufwenden können, solche qualitativen Umbrüche herausfordernd sein können. Im zweiten Schritt werden daher zwei sich ergänzende Themenkomplexe vertieft analysiert, die insbesondere für KMU relevant sein können: Die digitale Kompetenzentwicklung von Mitarbeiter:innen (Punkt 3 in Tab. 1, näher besprochen in 2.2) und die Individualisierung KI-basierter Technologien (Punkt 9 in Tab. 1, näher besprochen in 2.3). Diese beiden Digitalisierungsthemen fokussieren sich insbesondere auf die Interaktion zwischen komplexen digitalen Technologien und Facharbeiter:innen im Shopfloor. Mit den Konzepten von „Lernförderlichkeit" (siehe Exkurs 1) und „Erklärbarer KI" (siehe Exkurs 2) werden daraufhin Wege aufgezeigt, die die digitale Souveränität von Facharbeiter:innen ins Zentrum rücken. Diese Gestaltungsprinzipien können insbesondere für KMU interessant sein, da hier die Souveränität der Fachkräfte einen zentralen Stellenwert einnimmt.

2   Trends der Digitalisierung im Werkzeugmaschinenbau

2.1   Bestandsaufnahme

Zur Identifizierung aktueller Trends der Digitalisierung im Werkzeugmaschinenbau wurden im Frühjahr 2019 16 teilstandardisierte, telefonische Interviews mit Expert:innen aus den Bereichen Produktionstechnik, Arbeitswissenschaften und Geschäftsmodellentwicklung geführt. Anschließend wurden ihre Einschätzungen um eine Literaturrecherche ergänzt und neun Themen identifiziert, die die Expert:innen sowohl als aktuelle Hemmnisse als auch als zukünftige Chancen für den Werkzeugmaschinenbau bewerteten.

Tab. 1. Hemmnisse und Chancen aktueller Trends in der Digitalisierung

Hemmnisse	Chancen
1. Rechtliche Rahmenbedingungen	
Die bestehende Gesetzeslage ist nicht vollständig auf die Bedarfe der Digitalisierung zugeschnitten. Darum ist das Tätigwerden des Gesetzgebers erforderlich: Zur Beseitigung teilweise bestehender rechtsfreier Räume und der damit einhergehenden Rechtsunsicherheit, die innovationshemmend wirkt	Neue rechtliche Rahmenbedingungen wirken innovationsfördernd (z. B. Wettbewerbsvorteile und Innovationsanreize über virtuelle Zertifizierung)
2. Datenschutz	
Datenschutz kann Vernetzungsmöglichkeiten hemmen	Ein starker Datenschutz kann ein fördernder Faktor für nutzerzentrierte Software sein, die transparent aufzeigt, welche Daten wie und von wem verwendet werden
3. Digitale Kompetenzentwicklung	
Weiterbildung wird häufig nicht als Voraussetzung für Innovation gesehen. In so einem Fall verändern sich Berufsbilder durch die Digitalisierung, ohne dass Unternehmen dies erkennen, strategisch behandeln und damit aktiv die Digitalisierung gestalten	Kontinuierliche Weiterbildung, die eine Mitbestimmung von Mitarbeiter:innen einschließt, ermöglicht eine nachhaltige Digitalisierung und damit eine erfolgreiche Einführung und Akzeptanz von Neuerungen
4. Datenspeicherkonzept	
Klassische zentralisierte Cloud-Konzepte schaffen dem Cloud-Betreiber einen großen Vorteil, da er die Nutzungsregeln bestimmt und damit die Daten aller seiner Kunden für sich nutzbar machen kann	Dezentrale Peer-to-Peer-Konzepte, die aus einzelnen Edge-Clouds bestehen, sichern den nutzerspezifischen Zugriff auf Betriebsdaten und vereinfachen die Implementierung von dezentralen und damit passgenauen Nutzungsrechtekonzepten auch auf kleinskaligen Ebenen
5. Globaler Wettbewerb	
Der Megatrend Globalisierung bewirkt, dass die internationale Ausrichtung immer wichtiger wird für KMU. Dafür sind Investitionen u. a. in die Produktionsvernetzung notwendig, die größere Unternehmen eher fähig sind zu tätigen	Deutschland könnte davon profitieren, seinen eigenen Weg zu gehen, statt sich vornehmlich an digitalen Lösungen aus China und den USA zu orientieren. Das eröffnet Potenziale für weitere Innovationen, die Deutschland von den Konkurrenten unterscheiden
6. Unternehmensgröße und damit verbundene Handlungsspielräume	
Heutige KI-Lösungen basieren meist auf der Verfügbarkeit großer Datenmengen zum maschinellen Lernen. Aus diesem Grund sind größere Unternehmen aktuell besser dafür ausgestattet, groß angelegte Software zu nutzen (z. B. SAP) oder eigene Software und damit Digitalstrategien zu entwickeln. Diese neuen Ausprägungen der Digitalisierung stellen KMU hingegen vor Herausforderungen	Kleine Unternehmen können schneller auf veränderte Anforderungen reagieren. Spezielle KI-Methoden, die auf kleinere Datenmengen ausgerichtet sind, können Alleinstellungsmerkmale begründen und die Nutzbarkeit für KMU stärken. Bei individualisierten Digitallösungen sind Mitarbeiter:innen in einem KMU eher in der Lage die Neuerungen mitzugestalten

(Fortsetzung)

Tab. 1. (Fortsetzung)

Hemmnisse	Chancen
7. Unternehmenskollaborationen	
Eine großskalig angelegte Software passt häufig nicht zu den Anforderungen der KMU, sodass zahlreiche „Insellösungen" existieren, die nicht übertragbar sind	Maßgeschneiderte Softwareprodukte einzelner KMU können fach- und unternehmensübergreifend wertvolle Anregungen bieten und in Kollaborationen die Grundlage sein, um Ansätze zu entwickeln, die über existierende Angebote hinausgehen
8. Informationsaustausch zwischen Unternehmen	
Aktuelle digitale Technologien sind geprägt von fehlender Vernetzung zwischen Maschinen, Standorten und Unternehmen. „Sprachbarrieren" und unterschiedliche Formate erzeugen zusätzliche Schwierigkeiten	Ansätze etwa aus dem Open-Source-Bereich (OPC-UA, Automation ML) bieten Grundlagen zum Ausbau überregionaler Strukturen zum Informationsaustausch. Vor allem existiert Bedarf an Good-Practice-Beispielen mit Bezug zu Digitalisierung sowie KI-basierten Assistenzsystemen oder Cloud-Diensten (Künzel et al. 2019, S. 13)
9. Individualisierung KI-basierter Technologien	
Vor allem in KMU herrscht Unsicherheit, was sie im Einzelnen von KI-Technologien oder Cloud-Diensten erwarten können	Es besteht ein hoher Bedarf an Erprobungsszenarien, um konkrete KI-basierte Technologien kennenzulernen und kostengünstig entlang der eigenen Anforderungen für das eigene Unternehmen auszuprobieren

Je nach Ausgestaltung werden diese Themen der Digitalisierung von den Expert:innen aktuell als ein Hemmnis für die Digitalisierung im Werkzeugmaschinenbau wahrgenommen, aber auch als eine innovationsfördernde Chance. Einerseits geraten Unternehmen hinsichtlich des globalen Wettbewerbs unter Druck, schnell zu digitalisieren und eine bestimmte Art heute gängiger Technologien einzuführen. Diese Technologien stoßen zum Teil aus unterschiedlichen Gründen auf fehlende Akzeptanz bei den Fachkräften. Andererseits bietet sich mit der aktuellen technologischen Neuaufstellung die Möglichkeit, eigene Innovationen digitaler Produkte voranzutreiben, um sich in neu entstehenden Geschäftsfeldern von Konkurrenten unterscheidbar zu machen. Hindernisse, die aktuell noch mit der Digitalisierung in Verbindung stehen, können damit zu innovationsfördernden Kräften werden. Digitalisierung als Chance oder als Hemmnisse zu begreifen steht insbesondere für KMU, aber auch für hochqualifizierte Fachkräfte mit der Frage in Zusammenhang, wie „digital souverän" der Umgang mit digitalen Technologien gestaltet wird. Gerade für eine passgenaue Digitalisierung für den Mittelstand könnte die digitale Souveränität als Gestaltungsprinzip einen großen Vorteil bieten (siehe Tab. 1).

Im Folgenden werden zwei der oben genannten Trends genauer betrachtet: Die digitale Kompetenzentwicklung von Fachkräften (Punkt 3) und die Individualisierung KI-basierter Technologien (Punkt 9). Beide Themen haben gemein, dass sie die digitale Souveränität hochqualifizierter Fachkräfte an komplexen Maschinen betreffen. Im Folgenden werden die Erkenntnisse aus den Experteninterviews darum mit weiteren Studien und Überlegungen zur lernförderlichen Arbeitsgestaltung und der Erklärbarkeit komplexer Systeme angereichert. Die weiteren, in der Tabelle genannten Themenbereiche werden hier keiner genaueren Analyse unterzogen, da sie eher auf der Unternehmensebene angesiedelt sind.

2.2 Digitale Kompetenzentwicklung

Inwieweit digitale Technologien Mehrwert für ein Unternehmen erbringen, hängt davon ab, wie sie in den Arbeitsprozess von Fachkräften eingebunden werden. Vor allem bei kleinen Unternehmen besteht die Sorge, dass die Digitalisierung standardisierte und unflexible Automatisierungen mit sich bringt, die die Gestaltungsfreiheit von Fachkräften behindern, während die Technologien zudem teuer im Unterhalt sind. Dies könnte Innovationen seitens der Mitarbeiter:innen hemmen, die sonst im Shopfloor stattfinden. Gerade die Handlungs- und Gestaltungsfreiheit der Fachkräfte hängt davon ab, welche Bedienkonzepte implementiert werden. Aktuell werden diese häufig ohne Partizipation der Anwendenden programmiert. Eine fern von den Anwendenden vorgenommene Technikgestaltung identifizierten die befragten Expert:innen als Hindernis der Digitalisierung. Verstärkt wird dies, wenn die Bedienung der Maschinen und Anlagen auf produktionsbedingte oder standortbedingte Erfahrungswerte von Fachkräften angewiesen ist. Eine externe und standortferne Programmierung digitaler Unterstützungs- und Bedienkonzepte kann die spezifischen Faktoren vor Ort nicht ausreichend berücksichtigen, wenn Fachkräfte nicht bereits vorab in die Technikgestaltung miteinbezogen werden. Diese klassische Trennung von Technikgestaltung (Engineering) und Techniknutzung (Shopfloor) birgt die Gefahr, dass Bediener:innen ihr für die Fertigung zentrales Know-How weniger in den Produktionsprozess miteinbeziehen können: „Wenn jeder Schritt der Montage vom digitalen Assistenzsystem vorgegeben wird, kann man da bald auch eine Anlernkraft hinstellen, wo heute ein Facharbeiter ist", so ein Befragter der Studie von Jürgen Dispan und Martin Schwarz-Kocher (Dispan und Schwarz-Kocher 2019, S. 7).

Wird jedoch eine informierte Fachkraft von Beginn an in der Technikgestaltung mitgedacht, können Fachkräfte souverän die Grenzen digitaler Technologien kennenlernen, Konsequenzen etwa algorithmisch empfohlener Entscheidungen (z. B. KI) einschätzen und gegebenenfalls sogar individuell an situative Besonderheiten im Shopfloor anpassen. Dazu benötigen die Anwendenden jedoch ein fundiertes Verständnis der neuen digitalen Technologien. Zur Etablierung solcher digitalen Kompetenzen sind Konzepte erforderlich, die auf zwei Seiten ansetzen: zum einen bei Schulungen des Personals und zum anderen beim Design von Benutzerschnittstellen für digitale Technologien. An beiden Domänen kann die digitale Souveränität der Fachkräfte gefördert werden. Nur wenn die Informationen digitaler Systeme für die Fachkraft verständlich sind, kann beispielsweise auch auf seltene Fehlermeldungen angemessen reagiert werden. Für den aktiven Ausbau digitaler Kenntnisse von Fachkräften müssen Unternehmen flexible Weiterbildungsmöglichkeiten in den Arbeitsalltag integrieren. Lernförderliche Arbeitsplätze erlauben ein eigenständiges Lernen auch im Alltagsgeschäft und schaffen die in der Arbeitsorganisation dafür notwendigen zeitlichen und räumlichen Freiheiten für Fachkräfte (vgl. Gestaltungsprinzip Lernförderlichkeit).

Exkurs 1: Gestaltungsprinzip Lernförderlichkeit

Lernförderlichkeit ist ein Begriff aus den 1980er Jahren, der im Rahmen des Programms „Humanisierung von Arbeit" entwickelt wurde und für heutige digitale Lernumgebungen wieder relevant wird. Die lernförderliche Arbeitsgestaltung nach Eberhard Ulich (1978) sieht vor, Technik am Arbeitsplatz so zu gestalten, dass die Aufgaben für Menschen mit unterschiedlichen Fähigkeiten und Leistungsvoraussetzung erfüllt werden können. Industrielle Arbeitsumgebungen müssen damit den Menschen, die Unternehmensorganisation sowie die Technik gemeinsam betrachten und in ihren wechselseitigen Abhängigkeiten in die Technikgestaltung miteinbeziehen (Hartmann 2015). Zu starre Technologien führen dazu, dass Mitarbeiter:innen „in ihren Fähigkeiten ‚eingefroren' werden und keine Entwicklungsanreize erkennen können". (Hartmann 2015, S. 12).

Diese Erkenntnisse sind mit Blick auf die Gestaltung digital-vernetzter Arbeitsumgebungen wieder zu aktualisieren. Gerade im Werkzeugmaschinenbau werden CNC-Steuerungen künftig auch auf intelligenten und damit noch komplexeren und intransparenteren Programmen basieren. Darum muss neben der intuitiven und einfachen Nutzbarkeit auch eine informierte und nachvollziehbare Nutzbarkeit bei der Entwicklung von Mensch-Maschine-Schnittstellen im Fokus stehen. Um der zunehmenden Verblackboxung komplexer Systeme im (Arbeits-)Alltag zu entgehen, müssen Benutzeroberflächen zum Teil komplett neu gedacht werden. Eine solche lernförderliche Arbeitsgestaltung ist eine Innovation an sich und dient der Innovationsfähigkeit der anwendenden Unternehmen, sodass sich mit ihr ein Wettbewerbsvorteil erzielen lässt.

Sowohl durch intransparentes Technikdesign als auch durch mangelnde Schulungen können Fehlentscheidungen passieren und auch die Möglichkeit, Verantwortung für bestimmte Produktionsprozesse zu übernehmen, wird in beiden Fällen gehemmt. Dies kann betriebsschädigende Auswirkungen haben (SVRV 2017). Für Schulungen empfehlen die befragten Expert:innen, das Interesse und die Eigeninitiative der Fachkräfte ins Zentrum zu rücken. Das würde auch bedeuten, Weiterbildungen „just in time" dort anzusetzen, wo ein spezifisches Thema oder Problem am individuellen Arbeitsplatz auftaucht. Schulungen würden dadurch in kürzeren Abständen und anhand konkreter Beispiele des eigenen Arbeitslebens stattfinden.

Interdisziplinäres Lernen und die Verknüpfung unterschiedlicher Fachdisziplinen ist ein weiterer Aspekt, der von den Expert:innen als für die Digitalisierung zukunftsrelevant genannt wird. Neue Ausbildungsprofile werden erforderlich, die betriebswirtschaftliche, rechtliche, soziale und technische Phänomene neu zusammenbringen. Ähnliche Erkenntnisse zeigt auch die Studie von Jürgen Dispan auf, der von einem Bedarf „an interdisziplinärer Intelligenz" (Dispan 2018, S. 12) spricht. Um die Weiterbildung als wesentlichen Bestandteil digitaler Unternehmensstrategien zu verankern, schlägt Dispan (2017) zudem vor, bei der Einbindung digitaler Technologie „Betriebsräte frühzeitig ein(zu)schalten, die Interessen der Belegschaft einbringen und den Prozess kritisch begleiten." (Dispan 2017, S. 28) Eine Beteiligung der Mitarbeiter:innen bei der Einführung digitaler Technologien erscheint sinnvoll, um sie selbst dazu zu befähigen, die Veränderungen für sich oder den daraus folgenden Qualifikationsbedarf besser einschätzen zu können (sowie auch vom Arbeitgeber einzufordern).

2.3 Individualisierung der KI-basierten Technologien: Bedarf an Erprobungsszenarien

Die befragten Expert:innen bemerkten eine Unsicherheit seitens der KMU im Werkzeugmaschinenbau darüber, was sie im Einzelnen von neueren digitalen Technologien wie KI- oder Cloud-Diensten erwarten können. Dies korreliert mit den Erfahrungen, die zur Implementierung verschiedener Innovationsprogramme des Bundes und der Länder führte (Demary et al. 2016; BMWi 2020b). Es besteht ein hoher Bedarf an Erprobungsszenarien, um neue digitale Technologien kennenzulernen und ihre Passung bzw. Anpassungsfähigkeit an die Bedarfe des eigenen Unternehmens auszuprobieren. Erst über Erprobungsszenarien lässt sich das Potenzial für die eigenen Arbeitsprozesse realistisch einschätzen, noch bevor große Investitionen getätigt werden. Dies betrifft Prozesse der Produkterstellung, der Produktionsorganisation und -durchführung, der Qualitätssicherung sowie der Erweiterung des bestehenden Produkt- und Serviceportfolios. Gleichzeitig kann von der Erprobung verschiedener Unternehmen auch die Technikgestaltung profitieren, da komplexes Erfahrungswissen aus den einzelnen Anwendungsgebieten in der Technikgestaltung berücksichtigt werden kann und Bedarfe konkret reflektiert werden können. Auch eine Studie der Plattform Lernende Systeme sieht in der stärkeren Einbeziehung der Beschäftigten in die Technikgestaltung große Potenziale. Bezogen auf das Transformationsmanagement von Unternehmen für die Einbeziehung von KI-Systemen lautet die Einschätzung, dass es „nicht nur um das ‚Mitnehmen der Menschen' (gehe), sondern auch darum, die Beschäftigten dazu zu befähigen, dass sie selbstbewusst und kompetent mit KI-Systemen umgehen und deren Einführung mit ihrer Erfahrung und ihrem Wissen proaktiv mitgestalten können." (Plattform lernende Systeme 2019, S. 3)

Diese stärkere Einbeziehung könnte auch die nach Meinung der befragten Expert:innen bestehende Problematik verbessern, dass undurchsichtige Benutzerschnittstellen ein Hindernis in der Einbindung digitaler Technologien darstellen. Gerade in der Bedienung komplexer Maschinen entsteht umfangreiches Fachwissen, das nur schwer ohne die Beteiligung der Belegschaft in der Technikkonzeption zu berücksichtigen ist. Schon allein zur Einbindung verschiedener Produktionsmaschinen und zur Verknüpfung von Maschinen ist eine langjährige Erfahrung in der praktischen Interaktion mit einem bestimmten Maschinenpark nötig. Die aktuell großskalig angelegten Digitalisierungsangebote zielen auf die Nutzbarkeit eines möglichst großen Anwenderkreises und berücksichtigen nicht das spezielle Erfahrungswissen von Werker:innen im Werkzeugmaschinenbau.

Heute verfügbare digitale Technologien sind häufig zu intransparent, um sie in den Produktentstehungsprozess und in das bestehende Verantwortungsgefüge fachkräftebasierter, mittelständischer Unternehmen kontrolliert einbinden zu können. Dies betrifft insbesondere die Einbindung von KI-Technologien. Ein Bericht des BMWI zum Stand der KI-Nutzung in Deutschland stellt fest, dass nur 16 % der KI ein-setzenden Unternehmen ihre KI-Anwendungen selbst entwickeln. „In 24 % erfolgte die Entwicklung sowohl durch das Unternehmen selbst als auch durch Dritte. 60 % griffen auf KI-Entwicklungen durch Dritte zurück" (BMWi 2020a). Auch im Werk-zeugmaschinenbau könnten KI-Technologien in Zukunft Anwendung finden: Bei-spielsweise könnten bei der Aufgabe, komplexe Geometrien zu fräsen, KI-basierte Programme Handlungsempfehlungen auf Basis früherer Frässtrategien geben. Mit maschinellen Lernverfahren würde das System eigenständig Muster in vor-herigen Datensätzen (sogenannte Lern- oder historische Daten) erkennen und den Werker:innen Lösungswege empfehlen. Doch es ist eine große Herausforderung, gerade adaptive (selbstlernende) Systeme zu konzipieren, die sich für hochquali-fizierte Fachkräfte, wie sie im Werkzeugmaschinenbau tätig sind, erklärbar machen. Für die Frage, wie ein neuartiges Design der Mensch-Maschine-Schnittstelle aus-sehen könnte, das digital-souveräne Nutzer:innen mit eigenem Erfahrungswissen und individuellen Problemlösungskonzepten mitdenkt, gibt es aktuell nur sehr wenige Vorbilder und kaum erprobtes Technikdesign. Anstatt der Werkzeugmechaniker:in nur eine Fertigungsstrategie als die beste zu empfehlen, ohne aufzuzeigen, auf welcher Datenbasis und auf welchen Annahmen, Parametern oder anderen technischen Rahmenbedingungen diese Empfehlung beruht, muss das System in diesem Anwendungsfall für die Fachkraft nachvollziehbar und plausibel bleiben. Die angebotenen Handlungsempfehlungen sollten verständlich und handhab-bar sein, um für die jeweilige Situation eine Lösung begründet wählen zu können. Weiterhin sollten die Anwendenden die Möglichkeit haben, bestimmte Annahmen und Erfahrungen, die sich als erfolgreich erwiesen haben, zu priorisieren. Eine undurchsichtige Handlungsempfehlung würde letztlich nicht nur die digitale Souveränität der Facharbeiter:innen einschränken, sondern auch das Vertrauen in das betreffende digitale Unterstützungsangebot mindern.

Exkurs 2: Gestaltungsprinzip „Erklärbare KI"

Maschinelles Lernen (ML) ist eine aktuelle KI-Anwendung, die aufgrund ihrer unüberschaubaren Größe an Daten und Verarbeitungsschritten in der Anwendung im Alltag schwer nachvollziehbar ist. Auch die inneren Logiken und Ent-scheidungsmechanismen sind für die Nutzenden intransparent oder unplausibel und damit nicht ohne Weiteres verantwortungsvoll in bestehende Produktions-prozesse einzubeziehen. Den Anwenderinnen und Anwendern einen „digital-souveränen" Einsatz von ML-Algorithmen im Alltag zu ermöglichen, ist darum eine große Herausforderung in der aktuellen Forschung.

Maschinelles Lernen bietet sich auch im Werkzeugmaschinenbau künftig als hilfreiches Instrument an, etwa um zu verarbeitendes Rohmaterial vor der Bearbeitung auf Beschädigungen zu prüfen. Für einen verantwortungsvollen und effizienten Einsatz der Technologie muss die bedienende Fachkraft jedoch ungefähr verstehen, woran die Software beispielsweise Kratzer und Beulen als Beschädigungen im Material erkannt hat, um eine menschliche Prüfung zu ermöglichen und bei Fehlern eingreifen zu können. Um den Nutzer:innen solche Informationen zu gewährleisten, muss sie als „digital-souverän" bereits in der technischen Konzeption der ML-Algorithmen von Anfang an mitgedacht werden. Aktuell herrscht dazu ein hoher Forschungsbedarf und es werden erste Methoden zu „erklärbarer KI" entwickelt (Molnar 2019, Plattform Lernende Systeme 2020, S. 14/15). Bei „erklärbarer KI" handelt es sich um Verfahren, mit denen den Nutzer:innen Basisinformationen über die Berechnungen zurückgegeben werden. Dem Nutzer werden dabei innere Logiken und Funktionsweisen transparent gemacht, z. B. nach welchen Parametern, Kategorien oder Annahmen die Algorithmen beschädigte Materialien identifiziert, bewertet und beurteilt haben. Ein Ansatz dafür ist die „contrafaktische Erklärung" (Wachter et al. 2018). Hier werden Entscheidungsgrenzen offengelegt, an denen die maschinelle Entscheidung umschlägt (z. B. „das ist fehlerhaftes Material"/„das ist kein fehlerhaftes Material"). Ein anderes Vorgehen, Erklärungen zu maschinellen Lernverfahren zu erstellen, schlagen Schaaf et al. (2019) vor: Neuronale Netze können nachträglich durch Entscheidungsbäume approximiert werden, um die Logiken des neuronalen Netzes nachvollziehbar zu machen.

Gerade für den Anwendungsfall, dass informierte Nutzer:innen bzw. „digital-souveräne" Fachkräfte mit KI interagieren, könnten Methoden der „erklärbaren KI" von Bedeutung sein (vgl. Exkurs 2, Gestaltungsprinzip „Erklärbare KI"). Erklärbare KI setzt an der Schnittstelle zwischen digitalen Technologien und dem Kompetenzerwerb der Fachkräfte an. Dies ist eine Möglichkeit, dass digitale Technologien bei KMU „digital souverän" angewendet werden können. Auch die Lernförderlichkeit, wie sie im Exkurs 1 dargestellt wurde, wird hier in gewisser Weise berücksichtigt. Dieses Gestaltungsprinzip digitaler Technologien kann auf unterschiedliche Produktionsschritten angewendet werden – darunter z. B. Konstruktion, Simulation, Produktionsplanung, Wartung/Service, Bildung/Assistenz.

Im Werkzeugmaschinenbau ist die individuelle Anpassung und die Erklärbarkeit von Digitalisierungsstrategien in besonderer Weise nötig, da häufig maßgeschneiderte und individuelle Kundenanforderungen bearbeitet werden (Losgröße 1 bzw. sehr kleine Serien). Unabhängig voneinander kommen die Expert:innen zu dem Schluss, dass gerade hier die Digitalisierung im Sinne von „one size fits all" nicht funktioniert. Unternehmen benötigen vielmehr die Möglichkeit zur individuellen Adaption ihrer Software und ihrer genutzten digitalen Dienste. Auch die Frage nach der Verantwortung von Datenzugängen, Datenspeicherung und -weitergabe bezüglich des Datenschutzes und der Datenzugänge wird hierbei relevant.

2.4 Bedeutung und Weiterentwicklung der Trends für die Digitale Souveränität für KMU

Entlang der Analyse in 2.2 und 2.3 konnten folgende Entwicklungspotenziale für KMU identifiziert werden. Zuvorderst besteht die Notwendigkeit, auch kleineren Unternehmen bestimmte Erprobungsszenarien neuer digitaler Systeme (wie zum

Beispiel KI) zu ermöglichen. Die Frage stellt sich, wie skalierbare Softwareangebote kostengünstig auf individuelle Bedarfe kleinerer Unternehmen angepasst werden können. Wenn KMU diese Erprobungsmöglichkeiten hätten, böten sich weiterführende Innovationspotenziale wie die Individualisierung digitaler Technologien und mit ihr die Gestaltung alternativer Bedienoberflächen, die gerade für hochqualifizierte Fachkräfte souveräne Umgangsweisen gewährleisten könnten. Vor allem im Werkzeugmaschinenbau verfügen die Mitarbeiter:innen über wichtiges Know-How im Produktionsprozess, dass nur über nachvollziehbare Nutzerführungen miteinbezogen werden kann. Diese Tendenz der Individualisierung von Software kulminiert in der aktuellen Forschung zu „erklärbarer KI", mit der neue digitale Systeme veantwortungsbewusst und individuell in Produktionsprozesse miteinbezogen werden können. Wie eine solche Gestaltung erklärbarer KI konkret aussehen könnte, gilt es zukünftig zu erforschen.

Neben dem Mangel an passgenauen Digitalisierungsangeboten für Fachkräfte und KMU stellen die Expert:innen auch einen Mangel an Schulungsangeboten zur Digitalisierung in den Betrieben fest. Wendet man diese Hemmnisse derzeitiger Digitalisierung zu Chancen alternativer Digitalisierungsangebote (siehe Tab. 1), so können mit einer behutsamen und maßgeschneiderten Digitalisierung Softwareprodukte entwickelt werden, die die digitale Souveränität von KMU und ihren hochqualifizierten Fachkräften ernst nehmen. Gestaltungsprinzipien für digitale Lösungen, die eine souveräne Nutzung ermöglichen, könnten ein Alleinstellungsmerkmal im Werkzeugmaschinenbau sein und damit als künftiger Wettbewerbsvorteil fungieren.

Eine solche Neuauflage digitaler Produkte, die die digitale Souveränität von KMU in den Fokus rückt, geht einerseits mit der Entwicklung neuer Kompetenzen von Fachkräften durch neue Schulungskonzepte einher. Andererseits bedarf es Erprobungsszenarien digitaler Technologien wie etwa KI-basierte Assistenzsysteme, um informierte Entscheidungen zur Einbindung digitaler Systeme ins Unternehmen treffen zu können. Die Frage nach einem digital-souveränen Umgang betrifft nicht nur KI-Systeme. Auch für Cloud-Systeme sind neue Konzepte für einen verantwortungsvollen Umgang mit Unternehmensdaten notwendig, um den hohen Ansprüchen der Unternehmen mit exzellentem Datenschutz gerecht zu werden. Transparenz und Nachvollziehbarkeit zur Ermöglichung eines digital-souveränen Umgangs im Arbeitsalltag gelten auch an anderen Stellen als wesentliche Gestaltungsprinzipien, die von vornherein in der technischen Konzeption bedacht werden müssen.

3   Ausblick: Werkzeugmaschinenbau als Modell für andere Wirtschaftsbereiche

Der Werkzeugmaschinenbau steht seit vielen Jahrzehnten für das Gestaltungsprinzip der Souveränität von Menschen im Umgang mit Maschinen ein. Hochqualifiziertes Fachpersonal wird in diesem Bereich stetig an hochtechnisierten Maschinen fortgebildet. Diese Kombination erzeugt den großen Erfolgsfaktor deutscher Unternehmen in diesem Bereich, dass Hightech mit hoher Flexibilität angeboten werden kann.

Bringt man diese grundsätzliche Unternehmenskultur des Werkzeugmaschinenbaus – Fachkräfte stetig entlang komplexer Technologien weiter zu schulen – mit den oben skizzierten Digitalisierungstrends zusammen, so ergibt sich insbesondere in dieser Branche die Chance, Technikgestaltung und Schulungsangebote Hand in Hand und damit digital souverän voranzutreiben. Wie eine solche Umsetzung gelingen kann, lässt sich damit am Werkzeugmaschinenbau näher analysieren, Unternehmen können bei der Einbindung digitaler Technologien begleitet und ihre Erfahrungen auch auf andere Wirtschaftsbereiche übertragen werden. Folgende weiterführende Forschungsfragen leiten sich daraus ab:

- Welche Art der Technikgestaltung und Fachkräfteschulung ist in spezifischen Produktionsprozessen erforderlich?
- Wie erfolgt die Auslagerung von Maschinendaten in herstellergebundene Clouds oder die Einbindung von intransparenten, adaptiven KI-Systemen in den Arbeitsprozess?
- Welche Gestaltungsmöglichkeiten gibt es, um die digitale Souveränität des Menschen an der Maschine zu gewährleisten?

Die Branche des Werkzeugmaschinenbaus kann beispielsweise für Digitalisierungsstrategien einstehen, mit denen Lock-in-Effekte großskaliger Digitalisierungsangebote für KMU vermieden werden können. Zudem verfügt diese Branche über gute Fachkräfte, die – entsprechend geschult – auch eine Vorbildfunktion für den „digital souveränen" Umgang mit neuen Technologien erfüllen können. Auch in der Technikgestaltung bieten sich zahlreiche Innovationspotenziale: Damit neuartige digitale Technologien einen Facharbeiter nicht in seiner Handlungsfreiheit und Kreativität einschränken, muss die Einbettung von KI-basierten Assistenzsystemen oder Cloud-Diensten nachvollziehbar, situativ und hinterfragbar bleiben. Bei der Digitalisierung souverän zu bleiben heißt damit, für den Werkzeugmaschinenbau mit Fokus auf die dort tätigen Facharbeiter:innen zwei Ebenen neu zu gestalten: Für die Hersteller bedeutet es, Technologien so zu entwickeln, dass die Anwendenden samt ihrer individuellen Kompetenzen und Erfahrungen in den Mittelpunkt gestellt werden (siehe 2.3). Gleichzeitig ergibt sich für die anwendenden Unternehmen dieser nutzerzentrierten Technologien der Auftrag, innerbetriebliche Organisationskonzepte so zu konzipieren, dass sie die Lernförderlichkeit der neuen Technologien bestmöglich unterstützen (etwa mit Schulungskonzepten, siehe 2.2). Mit diesem Gestaltungsprinzip – die digitale Souveränität und damit die Kompetenzen der Menschen ernst zu nehmen – lassen sich künftig wichtige Alleinstellungsmerkmale für die Produkte mittelständisch geprägter Maschinenbauer erzeugen. Neuartige digitale, effiziente und wettbewerbsfähige Techniksysteme können im Werkzeugmaschinenbau entstehen, wenn digitale Souveränität als ein solches Grundprinzip in die Technikgestaltung miteinfließt.

Literatur

Blum, U., Hartmann, E. A.: Facharbeitsorientierte CNC-Steuerungs- und -Vernetzungskonzepte, S. 441–446. Werkstatt und Betrieb (1988)

BMWi: Digitale Souveränität und Künstliche Intelligenz – Voraussetzungen, Verantwortlichkeiten und Handlungsempfehlungen. Nürnberg (2018)

BMWi: Einsatz von Künstlicher Intelligenz in der Deutschen Wirtschaft. Stand der KI-Nutzung im Jahr 2019 (2020a). https://www.bmwi.de/Redaktion/DE/Publikationen/Wirtschaft/einsatz-von-ki-deutsche-wirtschaft.pdf?__blob=publicationFile&v=8 08.07.2020

BMWi: Digitalisierung im Mittelstand voranbringen (2020b). https://www.bmwi.de/Redaktion/DE/Dossier/mittelstand-digitalisieren.html. Zugegriffen: 20. Juli 2020

Demary, V., Engels, B., Röhl, K.H., Rusche, C.: Digitalisierung und Mittelstand (IW-Analysen Nr. 109). Köln (2016)

Dispan, J.: Entwicklungstrends im Werkzeugmaschinenbau 2017. Kurzstudie zu Branchentrends auf Basis einer Literaturrecherche. Working Paper Forschungsförderung Nr. 029. Hans Böckler Stiftung (2017)

Dispan, J.: Digitale Transformation im Werkzeugmaschinenbau. Momentaufnahme zu Strategien, Stand und Wirkung der Digitalisierung (Industrie + Energie). IG Metall, Frankfurt a. M. (2018)

Dispan, J., Schwarz-Kocher, M.: Industrie 4.0. Maschinenbau: Wie Digitalisierung gelingt. Böckler Impuls, **4**, 6–7 (2019)

Ensthaler, J., Haase, M.S.: Datenhoheit und Datenschutz im Zusammenhang mit Smart Services: Begleitforschung Smart Service Welt I (2017)

Hartmann, E.: Arbeitsgestaltung für Industrie 4.0: Alte Wahrheiten, neue Herausforderungen. In: Botthof, A., Hartmann, E.A. (Hrsg.) Zukunft der Arbeit in Industrie 4.0, S. 9–20. Springer, Heidelberg (2015). https://doi.org/10.1007/978-3-662-45915-7_2

Künzel, M., Kraus, T., Straub, S.: Begleitforschung PAiCE und iit, Förder- und Technologieprogramm des Bundesministeriums für Wirtschaft und Energie Platforms|Kollaboratives Engineering: Grundzüge und Herausforderungen der unternehmensübergreifenden Zusammenarbeit beim Engineering von Produkten und begleitenden Services (2019). https://www.digitale-technologien.de/DT/Redaktion/DE/Downloads/Publikation/2019-04-01-paice-studie-engineering.pdf?__blob=publicationFile&v=2. Zugegriffen: 19. Dez. 2019

Molnar, C.: Interpretable machine learning. A Guide for making black box models explainable (2019). https://christophm.github.io/interpretable-ml-book/index.html. Zugegriffen: 11. Dez. 2019

Schaaf, N., Huber, M., Maucher J.: Enhancing Decision Tree Based Interpretation of Deep Neuronal Networks through L1-Orthogonal Regularization. IEEE International Conference on Machine Learning and Applications (ICMLA), S. 42–49 (2019)

PAiCe - Seifert, I., Bürger, M. Wangler, L., Christman-Budian, S., Rohde, M., Gabriel, P., Zinke, G.: Begleitforschung PAiCE und iit, Förder- und Technologieprogramm des Bundesministeriums für Wirtschaft und Energie Platforms. Potenziale der Künstlichen Intelligenz im produzierenden Gewerbe in Deutschland (2018). https://www.bmwi.de/Redaktion/DE/Publikationen/Studien/potenziale-kuenstlichen-intelligenz-im-produzierenden-gewerbe-in-deutschland.pdf?__blob=publicationFile&v=8. Zugegriffen: 10. Nov. 2019

Plattform Lernende Systeme. (2020). https://www.plattform-lernende-systeme.de/files/Downloads/Publikationen/AG2_Whitepaper2_220620.pdf. Zugegriffen: 31. Juli 2020

Plattform Lernende Systeme. (2019). https://www.plattform-lernende-systeme.de/files/Downloads/Publikationen/AG2_Whitepaper_210619.pdf. Zugegriffen: 31. Juli 2020

Stubbe, J., Schaat, S., Ehrenberg-Silies, S.: Digital souverän?. Kompetenzen für ein selbstbestimmtes Leben im Alter. Bertelsmann Stiftung, Gütersloh (2019)

SVRV: Digitale Souveränität. Gutachten des Sachverständigenrats für Verbraucherfragen (2017)

Ulich, E.: Über das Prinzip der differentiellen Arbeitsgestaltung. Industrielle Organisation **47**, 566–568 (1978)

Wachter, S., Mittelstadt, B., Russel, C.: Counterfactual Explanations without opening the Black Box. Automated Decisions and the GDPR (2018)

Wittpahl, V. (Hrsg.): Digitale Souveränität. Bürger, Unternehmen, Staat. Springer Vieweg Open, Berlin (2017)

Kompetenzentwicklung für Maschinelles Lernen zur Konstituierung der digitalen Souveränität

Thorsten Reckelkamm[1]([⊠]) und Jochen Deuse[1,2]

[1] Institut für Produktionssysteme, TU Dortmund, Leonhard-Euler-Straße 5, 44227, Dortmund, Deutschland

{Thorsten.Reckelkamm,Jochen.deuse}@ips.tu-dortmund.de
jochen.deuse@uts.edu.au

[2] Advanced Manufacturing, School of Mechanical and Mechatronic Engineering, University of Technology Sydney, Sydney, Australien

Zusammenfassung. Die stetig fortschreitende Digitalisierung verändert in einem hohen Tempo das Geschäftsumfeld produzierender Unternehmen. Die weite Verbreitung digitaler Technologien führt dazu, dass stetig mehr Daten erhoben und gespeichert werden. Eine zielgerichtete Auswertung und Nutzung dieser Datenspeicher mittels Maschinellen Lernens (ML) eröffnet bisher unbekannte Potenziale zur Wissensgewinnung. Die technische Entwicklung schreitet jedoch in einem solch hohen Tempo voran, dass stets neue Herausforderungen hinsichtlich der Kompetenzentwicklung der Beschäftigten entstehen. Insbesondere die Bewertung der Möglichkeiten des ML sowie die Anwendung datengetriebener Methoden zur Lösung von Problemen in Fertigung und Montage rücken in den Vordergrund. Dies betrifft sowohl Anlagennutzende als auch Anlagenherstellende welche zunehmend unter Druck geraten, ML-basierte Services und Dienstleistungen mit ihren Fertigungsanlagen anzubieten. Eine erwachsende Tendenz ist daher, solche Tätigkeiten an externe Dienstleister auszulagern und somit das zukünftige Gut Daten aus der Hand zu geben. Zur Wahrung und Sicherstellung der digitalen Souveränität ist es jedoch erforderlich, Kompetenzen innerhalb der produzierenden Unternehmen zu entwickeln, um weiterhin die Hoheit über die eigenen Daten zu bewahren. Der folgende Beitrag gibt einen Überblick über aktuelle Entwicklungen der Kompetenzentwicklung und einen Ausblick, welche künftigen Schritte erforderlich sein werden.

Schlüsselwörter: Kompetenzentwicklung · Rollenmodelle · Digitale Souveränität

1 Digitalisierung und ihre Folgen für produzierende KMU

Im Zuge einer zunehmenden Digitalisierung und Verbreitung von Informations- und Kommunikationstechnologien (IKT) gerät die systematische Erfassung, Speicherung und Auswertung von Daten zu einem entscheidenden Wettbewerbsfaktor (Wölfl et al., 2019; Eickelmann et al., 2015). Während in anderen Branchen wie bspw. dem

© Der/die Autor(en) 2021
E. A. Hartmann (Hrsg.): *Digitalisierung souverän gestalten*, S. 31–43, 2021.
https://doi.org/10.1007/978-3-662-62377-0_3

Finanz- und Versicherungssektor oder Internetkonzernen dieser Wettbewerbsfaktor längst durch entsprechende Geschäftsmodelle adressiert wurde, ist der deutsche Maschinenbau noch weit von der breiten Anwendung entfernt. Dies ist insofern kritisch, als dass produzierende Betriebe das Herzstück der deutschen Wirtschaft sind (Bitkom, 2015). Besondere Bedeutung nehmen hier kleine und mittelständische Unternehmen (KMU) ein, die mit 40 % der Wertschöpfung und rund 50 % der Gesamtbeschäftigung (Rammer et al., 2010) einen bedeutenden Teil zur Wirtschaftsleistung beitragen. Zwar verfügen diese Unternehmen über ein ausgeprägtes Domänenwissen der eigenen Prozesse, jedoch verhindern mangelndes Know-how, fehlende zeitliche Freiräume sowie ein unübersichtliches Angebot an Maßnahmen zur Entwicklung erforderlicher Kompetenzen des Maschinellen Lernens (ML) den gezielten Einsatz von ML in Produkten sowie der Produktion (Morik et al., 2010; Bertelsmann Stiftung, 2018). Im aktuellen Betriebsalltag wird die Zusammenführung und Aufbereitung der Betriebsdaten in Ansätzen von Industrial Engineers bzw. Beschäftigten in der Prozessplanung und -verbesserung durchgeführt. Diese Mitarbeitenden sind häufig als wissenstragende Personen bezüglich der produktionstechnischen Domäne und mit entsprechenden Kompetenzen ausgestattet, allerdings führen fehlende Kompetenzen im Bereich ML dazu, dass die Potenziale der vorhandenen Daten nicht vollständig ausgeschöpft werden können (Mazarov et al., 2019).

Obwohl diese Datenspeicher bei einer effizienten Auswertung und Nutzung die Möglichkeit bieten, bisher implizit vorhandenes Wissen zur Entscheidungsunterstützung sinnvoll zu nutzen (Deuse et al., 2014), besteht die reale Gefahr, dass bei fehlender Kompetenz der Beschäftigten diese Datenspeicher nicht entsprechend ausgewertet und genutzt werden. Insbesondere vor dem Hintergrund einer teilweise noch immer vorhandenen Skepsis bei der Anwendung datengetriebener Optimierungsansätze in der Produktion, können solche ungenutzten Datenspeicher von Skeptikern als Beleg dafür gesehen werden, dass mit dem Einsatz von ML nur unnötigen Kosten, bei ausbleibenden Prozessverbesserungen, entstehen. In einer vernetzten Welt, in welcher sich die Nutzung von Daten somit zum entscheidenden wirtschaftlichen Vorteil entwickelt, ist es insbesondere für KMU von fundamentaler Bedeutung, entsprechende Kompetenzen aufzubauen, um externe Abhängigkeiten zu verringern.

In diesem Zusammenhang postulierte bereits die Bundesregierung im Jahr 2013 im gemeinsamen Koalitionsvertrag von CDU, CSU und SPD, dass das „[…] Ergreifen [von] Maßnahmen zur Rückgewinnung der technologischen Souveränität" für die Zukunft von wesentlicher Bedeutung sei (Bundesregierung, 2013, S. 103). Zu Beginn war die Diskussion geprägt durch einen technologischen Fokus zur Sicherstellung der deutschen Autonomie und Souveränität im Bereich der IKT-Systeme und deren Entwicklung (BMWi, 2014). Aufgrund der technologischen Sichtweise und des Fehlens einer Definition wurde vom Bundesverband Informationswirtschaft, Telekommunikation und neue Medien (Bitkom) im Jahr 2015 der Begriff digitale Souveränität wie folgt definiert: „Wir verstehen unter Digitaler Souveränität die Fähigkeit zu Selbstbestimmung im digitalen Raum – im Sinne eigenständiger und unabhängiger Handlungsfähigkeit" (Bitkom, 2015, S. 4). Allerdings gibt auch diese Definition keine konkrete Ausgestaltung, wie es gelingen kann, Handlungsempfehlungen für die Industrie abzuleiten. Aus diesem Grund vertreten Bogenstahl und Zinke 2017 die Sichtweise, dass digitale Souveränität als mehrdimensionales

Handlungskonzept auszugestalten ist. Dieser Herausforderung begegnen die Autoren mit der Entwicklung eines Reifegradmodells, welches drei aufeinander aufbauende Dimensionen, die Infrastrukturdimension, die Kompetenzdimension und die Innovationsdimension herausstellt. Dieses Modell zeigt, dass nur durch den gezielten Aufbau entsprechender Nutzungs- und Bewertungskompetenzen die höchste Stufe der digitalen Souveränität erreicht werden kann (Bogenstahl and Zinke, 2017). Es zeigt sich, dass mit der Digitalisierung große Chancen einhergehen, die Position der produzierenden Unternehmen Deutschlands im globalen Wettbewerb zu festigen und weiter auszubauen. Es sprechen viele Faktoren dafür, dass die deutsche Volkswirtschaft die erforderlichen Faktoren mitbringt, um zu einem souveränen globalen Player im digitalisierten Zeitalter zu werden (Gausemeier et al., 2020). Allerdings müssen die positiven Grundvoraussetzungen auch genutzt werden, um sich in dem immer dynamischeren globalen Wettbewerb zu positionieren. Sollte es nicht gelingen, die erforderlichen Schritte in Richtung Erlangung der digitalen Souveränität zu gehen, besteht die Gefahr, dass Deutschland seine Position als eines der führenden Hochtechnologieländer langfristig einbüßen wird.

Die zuvor genannten Gründe zeigen, dass es unerlässlich ist, Schlüsselkompetenzen zur Erreichung der digitalen Souveränität zu definieren, aufzubauen und kontinuierlich weiterzuentwickeln. Das Interesse zum Aufbau entsprechender Kompetenzen liegt jedoch nicht nur einseitig bei den produzierenden KMU. Auch Unternehmen im Anlagenbau oder der Produktion von Hard- und Software zur Datenanalyse sollten die Kompetenzentwicklung bei ihrer potenziellen Kundschaft fördern, um neue Geschäftsmodelle erschließen zu können. Konkrete Handlungsmöglichkeiten für die herstellenden Unternehmen sind einerseits eigene Schulungen für die Kundenunternehmen, andererseits eine lernförderliche Gestaltung der Produkte selbst. Eine solche Lernförderlichkeit kann sich wiederum beziehen auf technisch gestützte Informations- und Schulungsmodule, die (online oder offline) mit dem System (der Anlage, der Maschine, …) verbunden sind. Noch grundlegender ist allerdings eine entsprechende Ausgestaltung der ML-Algorithmen bzw. der KI-Systeme im Sinne einer erklärbaren KI (vgl. Eiling und Huber, in diesem Band). Erklärbare KI ermöglicht für die Nutzenden einen Wissens- und Kompetenzaufbau sowohl über das KI-System/die ML-Algorithmen selbst wie auch über das jeweils abgebildete Segment der realen Welt (z. B. Produktionsmittel, Produkte).

Das Vorhalten und die Entwicklung entsprechender Kompetenz in fertigenden Betrieben kann maßgeblich zu einer Steigerung der Akzeptanz dieser neuen Technologien führen und somit weitere neue Geschäftsfelder für Anbieter von entsprechenden Lösungen erschließen (Bitkom, 2016).

Aus diesem Grund herrscht Einigkeit zwischen Industrie und Forschung über die Bedeutsamkeit eines gezielten ML-Kompetenzaufbaus (acatech, 2016). Allerdings fehlt es insbesondere für KMU an einem Konzept, welches eine praxisorientierte ML-Kompetenzentwicklung zur Befähigung eigener ML-Umsetzungen erlaubt und den Unternehmen einen entsprechenden Überblick über mögliche Schulungsangebote bietet. Es ist daher erforderlich, eine methodische Unterstützung zu entwickeln, welche die Ableitung individueller Kompetenzprofile und entsprechend individuelle Maßnahmen zur Kompetenzentwicklung ermöglicht. Hierzu müssen erforderliche Kompetenzen, konkrete Maßnahmen sowie Phasen, Akteure und Rollen identifiziert werden. Diesem Desiderat trägt das Forschungsvorhaben *„Konzept zum Aufbau von Kompetenzen des Maschinellen Lernens für Anlagenhersteller und produzierende KMU (ML2KMU)"* Rechnung, indem ein Konzept entwickelt werden soll, welches den innerbetrieblichen Kompetenzaufbau gezielt ermöglicht und insbesondere praxisgerecht ausgestaltet. Das Projekt befindet sich aktuell in der Anfangsphase und wird bis zum Dezember 2022 gefördert. Das Forschungsvorhaben wird im Rahmen des Doktorandennetzwerks *„Digitale Souveränität in der Wirtschaft, Themenbereich Maschinenbau der Zukunft – ein Projekt des Instituts für Innovation und Technik (iit)"* gefördert. In diesem interdisziplinären Netzwerk können die notwendigen Themen zur Sicherung der digitalen Souveränität fächerübergreifend diskutiert und ausgestaltet werden. Im folgenden Beitrag werden die zu adressierten Handlungsfelder erörtert und aktuelle Entwicklungen skizziert. Der hier vorliegende Beitrag fokussiert auf den innerbetrieblichen Kompetenzaufbau – insbesondere in KMU – als eine wesentliche Säule der digitalen Souveränität.

2   ML2KMU – Ein Ansatz zur Kompetenzentwicklung in der produzierenden Industrie

Bei der Erarbeitung eines Konzeptes zur Kompetenzentwicklung ist zunächst zu analysieren, welche organisatorischen, personellen und technischen Voraussetzungen zum Aufbau interner ML-Kompetenzen, unter Berücksichtigung vorhandenen Domänenwissens, erforderlich sind. In diesem Zusammenhang werden Untersuchungen stattfinden, wie der Einsatz von ML-Methoden die Arbeit in produzierenden Unternehmen, aber auch die Rolle der Mitarbeitenden verändert. Der Fokus liegt daher auf den für ML-Projekte erforderlichen Akteuren und Kompetenzen, die einen wesentlichen Baustein für die Sicherung der digitalen Souveränität darstellen. Zur besseren Übersicht lassen sich grundlegende Handlungsfelder aufspannen.

Abb. 1 fasst die Handlungsfelder in Form eines Trichtermodells zusammen. Auf Basis entsprechender ML-Kompetenzen der Zukunft, einem Katalog konkreter Maßnahmen zur ML-Kompetenzentwicklung und bestehender Phasen, Akteure und Rollen in ML-Umsetzungsprojekten werden individuelle Maßnahmen abgeleitet und eine Systematik zur Kompetenzentwicklung ausgeprägt.

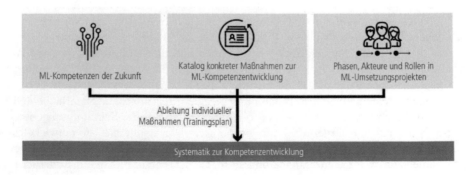

Abb. 1.   Entwicklungsmodell. (Eigene Darstellung)

2.1 ML-Kompetenzen der Zukunft

Kompetenzen und deren Entwicklung nehmen in der Wissenschaft sowie der alltäglichen Diskussion einen immer höheren Stellenwert ein. Im Jahr 2006 war der
Begriff Kompetenz nach Zählungen des Projekts Deutscher Wortschatz unter den
5000 am häufigsten verwendeten Begriffen (Klieme and Hartig, 2008). Während
in der Literaturdatenbank FIS Bildung im Jahr 2008 8889 Treffer für den Begriff
Kompetenz registriert wurden, stieg dieser Wert im Jahr 2018 auf 35.260 Treffer,
was den enormen Anstieg entsprechender Literatur verdeutlicht (Weisner, 2019). Ein
wichtiger, in zahlreichen Publikationen und der Presse diskutierter Aspekt ist der
demografische Wandel und die hiermit einhergehende Veränderung der Bevölkerungs-
struktur. Fokus dieses Diskurses sind häufig gesellschaftliche Probleme wie z. B.
sinkende Innovationsdynamik, soziale Konflikte zwischen älteren und jüngeren
Generationen, steigende Kosten für das Sozialsystem (Landau et al., 2011). Allerdings
sind auch Unternehmen direkt betroffen, da diese vor der großen Herausforderung
stehen, dem drohenden Fachkräftemangel durch eine entsprechende Ausbildung
von älteren Beschäftigten zu begegnen (Frerichs, 2015). Die zuvor beschriebenen
Probleme werden durch die Corona-Pandemie teilweise deutlich beschleunigt
und verschärft. Aufgrund von Versäumnissen in der digitalen Ausbildung der
Beschäftigten gelingt es teilweise nur schleppend, das virtuelle Arbeiten zu ermöglichen und somit eine Akzeptanz für die neue Arbeitssituation zu schaffen (Lavanchy
et al., 2020).

   Die häufige Verwendung des Kompetenzbegriffs, sowie die Verbreitung in verschiedenen Forschungsdisziplinen führen dazu, dass sich keine einheitliche Definition
in der Literatur findet. Oftmals werden die Begriffe Kompetenz, Qualifikation und
teilweise auch Wissen sowohl im betrieblichen Umfeld als auch im wissenschaftlichen Umfeld synonym betrachtet. Diese synonyme Verwendung ist bei genauer
Betrachtung jedoch nicht korrekt. Vielmehr stellen Qualifikationen das Ergebnis eines
Lernprozesses dar und umfassen das erlangte Wissen einer Person. Qualifikationen
können daher im Rahmen von Prüfungssituationen sichtbar gemacht und auch zerti-
fiziert werden (Weisner, 2019; Erpenbeck et al., 2017). Kompetenzen wiederum
adressieren einen ganzheitlicheren Betrachtungsansatz und berücksichtigen, dass
Fertigkeiten und Wissen nicht nur durch Lehr- sowie Lernprozesse sondern auch
auf informellem Wege erworben werden können (Fölsch, 2010). Weinert (2001)
versteht unter Kompetenzen „die bei Individuen verfügbaren oder von ihnen erlern-
baren kognitiven Fähigkeiten und Fertigkeiten, bestimmte Probleme zu lösen, sowie
die damit verbundenen motivationalen, volitionalen und sozialen Bereitschaften
und Fähigkeiten, die Problemlösungen in variablen Situationen erfolgreich und verantwortungsvoll nutzen zu können". Wesentliches Charakteristikum dieses Ver-
ständnisses ist die Tatsache, dass Kompetenzen erworben werden können bzw.
sogar erworben werden müssen. Dieser Kompetenzerwerb setzt wiederum das
Sammeln von situationsbedingtem Erfahrungswissen voraus (Hartig und Klieme,
2006; Klieme et al., 2003). Auf den beruflichen Kontext bezogen bedeutet dies, dass
Kompetenzen nur durch konkrete Anwendung von Wissen und Fertigkeiten, zur
Erzielung der beabsichtigten Ergebnisse, erlangt werden können (North et al., 2016).
Im beruflichen Handlungskontext lassen sich erforderliche Kompetenzen in vier über-
geordnete Klassen unterteilen. Die Fach-, Methoden-, Sozial- und Selbstkompetenz

sind erforderlich, um eine entsprechend berufliche Handlungskompetenz zu erwerben (Weisner, 2019). Abb. 2 verdeutlicht die grundlegenden Kompetenzarten.

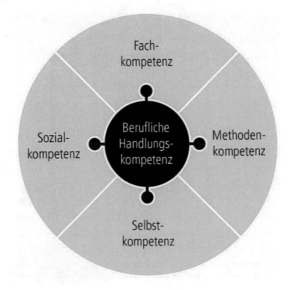

Abb. 2. Kompetenzarten. (Eigene Darstellung nach Wildt, 2006)

Unter Methodenkompetenz werden Fähigkeiten verstanden, welche dazu genutzt werden, Lösungswege systematisch zu finden und anzuwenden. Die Selbst-kompetenz fokussiert sich auf die Fähigkeit in Situationen der Interaktion Probleme durch Kommunikation kooperativ lösen zu können (Kauffeld et al., 2017). Die Selbst-kompetenz umfasst insbesondere Merkmale, welche sich in den Einstellungen und Werten von Individuen zeigen, dies können beispielsweise Durchhaltevermögen oder auch Willensstärke sein (Weisner, 2019).

Fachkompetenzen beschreiben in diesem Zusammenhang den konkreten fach-lichen Anwendungsbereich und sind auf eine Aufgabensituation bezogen. Die entsprechend notwendigen Kompetenzen sind daher von der spezifischen Auf-gabenstellung abhängig und berücksichtigen nicht darüber hinausgehende Aspekte (Arnold, 2005). Diese Kompetenzen ermöglichen die Identifikation von Problemen und die Generierung entsprechender Lösungen (Kauffeld et al., 2017). Kompetenzen im Bereich des ML können beispielsweise die Datenaufbereitung oder die Auswahl geeigneter Analysemodelle sein. Außerdem lassen sich eine Vielzahl weiterer Fach-kompetenzen finden, welche für ML als relevant betrachtet werden (Bauer et al., 2018). Insbesondere die Vielzahl der verschiedenen Fachkompetenzen verdeutlicht die Schwierigkeit, einzelne Beschäftigte so zu entwickeln, dass sie in allen aufgeführten Gebieten entsprechende Kompetenzen besitzen. Es zeigt sich die Erfordernis, neue Rollen zu definieren und diesen konkrete Kompetenzen zuzuweisen. Zu beachten ist, dass insbesondere die Vielfalt der neuen Fachkompetenzen dazu verleiten kann, die anderen Kompetenzarten nur unzureichend zu betrachten. Bei der Entwicklung des

Konzepts müssen diese daher entsprechende Berücksichtigung finden, um eine erfolgreiche Implementierung in die Unternehmensorganisation zu ermöglichen.

2.2 Phasen, Akteure und Rollen in ML-Umsetzungsprojekten

Bei der Umsetzung von ML-Projekten stehen verschiedene Vorgehensmodelle zur Verfügung, welche die einzelnen Umsetzungsphasen beschreiben. Das Modell der Knowledge Discovery in Databases (KDD) gliedert ein ML-Projekt in die Phasen Selection, Preprocessing, Transformation, Data Mining sowie Interpretation/Evaluation (Fayyad et al., 1996). Ein in der Industrie etabliertes Vorgehensmodell findet sich mit dem CRISP-DM (Cross Industry Standard Process for Data Mining), welcher zusätzlich zum KDD noch die Phase des Deployments beinhaltet (Chapman et al., 2000). In der Literatur finden sich noch weitere Vorgehensmodelle, wie z. B. das Knowledge Discovery in Industrial Databases (KDID), das eine Erweiterung des KDD für industrielle Anwendungen darstellt (Deuse et al., 2014). Diesen Modellen ist jedoch gemein, dass sie eine technologisch getriebene Herangehensweise an ML-Projekte und die Datenerhebung, -vorverarbeitung und -auswertung fokussieren. Vernachlässigt wird in diesem Zusammenhang jedoch oftmals das Projektmanagement, welches eine essentielle Stellung in der praktischen Umsetzung einnimmt. Grundlegende Voraussetzung für ein effektives Projektmanagement ist eine zielgerichtete Aufgabenverteilung und eine klare Kommunikationsstruktur (Freitag, 2016). In der aktuellen Forschung wird die Frage, welche Kompetenzen für die einzelnen Umsetzungsphasen der Vorgehensmodelle erforderlich sind, jedoch nur unzureichend thematisiert.

Einen ersten Ausblick, wie ein solches Rollenmodell für die Integration von ML in der industriellen Produktion aussehen könnte, zeigt das dreigliedrige Industrial-Data-Science-Modell (Bauer et al., 2018) (Abb. 3).

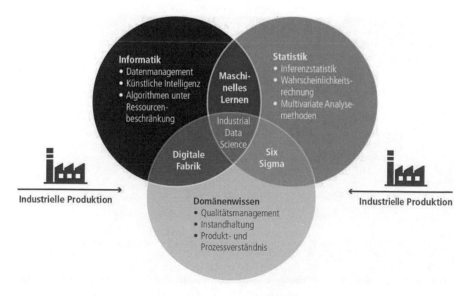

Abb. 3. „Industrial Data Science" als Schnittmenge der drei Disziplinen (Bauer et al., 2018)

In diesem Modell zeigt sich deutlich, dass durch ML insbesondere Schnittstellen-funktionen zwischen den Disziplinen der Informatik, Statistik und dem Domänen-wissen immer bedeutsamer werden. Allerdings ist das vorliegende Modell für die Ausprägung auf KMU zu generisch, da eher die involvierten Disziplinen als die in Unternehmen vorhandenen Rollenbilder betrachtet werden. Eines der aktuell bekanntesten Rollenbilder im Zusammenhang mit ML ist der *„Data Scientist"*, welchem zahllose Fähigkeiten und Kompetenzen zugeschrieben werden. Teilweise werden in der Presse Meldungen veröffentlicht, die ihn gar zum Allheilmittel im Kampf mit den immer weiter steigenden Datenmengen stilisieren (Königes, 2020). Diese Darstellung und die erst langsam startenden Ausbildungsprogramme führen dazu, dass Data Scientists entsprechend zu gefragten Fachkräften auf dem Arbeits-markt mit entsprechenden Kostensätzen werden (Stadelmann et al., 2019).

Ein aus dieser Nachfrage resultierender Trend ist das Entstehen immer neuer Bezeichnungen wie z. B. die des Data Engineers, Data Analysts oder des Data Stewards, welche jedoch in der Literatur kaum bzw. nicht eindeutig definiert sind. Es gilt daher zu untersuchen, welche von diesen Rollen für KMU erforderlich sind und welche Kompetenzen diesen Rollen zugewiesen werden müssen. Ein wichtiger Aspekt bei der Auswahl erforderlicher Rollen und dem Aufbau entsprechender Data-Science-Teams ist unter anderem die Berücksichtigung der eigentlichen Organisationsstruktur. Große Industrieunternehmen auf der einen Seite verfügen über diverse Möglichkeiten die Fragestellung nach zukunftsweisenden Digitalisierungs-strategien, Organisationsstrukturen und Mitarbeiterprofilen zu gestalten. Häufig werden ganze Abteilungen oder sogenannte „Think Tanks", mit der Fragestellung einer innovativen Zukunftsgestaltung betraut (Poguntke, 2019). Auf der anderen Seite haben KMU in der Regel keine solchen Ressourcen, auf die sie zurückgreifen können. Die Unternehmensleitung sieht Digitalisierungsthemen deshalb als Chefsache und entscheidet autark über diese. Beschäftigte hingegen stehen der Digitalisierung teil-weise skeptisch gegenüber und betrachten oftmals eher Risiken als Chancen (Leeser, 2020).

In diesem Zusammenhang sei auch auf die Typologisierung von nicht-forschungs-intensiven KMU im Zusammenhang mit der Einführung und Umsetzung von Industrie 4.0 verwiesen. Grundsätzlich lassen sich vier verschiedene Unternehmens-typen unterscheiden (siehe Abb. 4).

Abb. 4. Unternehmenstypologisierung. (Eigene Darstellung nach Wienzek, 2018)

Bis auf den gestaltenden Unternehmenstyp, welcher sich durch den Willen aus-zeichnet, Veränderung aktiv mitgestalten zu wollen, charakterisieren sich alle diese

KMU-Typen dadurch, dass Veränderungen erst dann angestoßen werden, wenn praxisnahe Lösungen zur Verfügung stehen (Wienzek, 2018). Das zu entwickelnde Rollenmodell muss dieser Charakteristik besondere Beachtung schenken, da eine erfolgreiche Umsetzung nur unter Einbeziehung sowohl der Mitarbeitenden als auch der Geschäftsleitung gelingen kann. Darüber hinaus muss bei der Konzeptionierung eine hohe Praxisnähe beachtet werden, da andernfalls nur ein kleiner Kreis von KMU für die Umsetzung zur Verfügung stünde.

2.3 Kompetenzentwicklung im Bereich des Maschinellen Lernens

Zwar wurde der steigende Bedarf einer Kompetenzentwicklung sowohl von der Industrie als auch von Universitäten erkannt, allerdings finden sich hauptsächlich Fortbildungsreihen, Schulungen und Seminare an Universitäten oder Hochschulen, die grundlegend auf die Bedürfnisse der Studierenden zugeschnitten sind. Exemplarisch kann hier die vom Institut für Produktionssysteme (IPS) der TU Dortmund initiierte Lehrveranstaltung „Industrial Data Science" genannt werden, welche Studierende in einem zweisemestrigen Vorlesungsformat eine Kombination aus theoretischem Wissen und praxisnahen Übungen anbietet (Bauer et al., 2018). Vorteilhaft an diesem Format ist die wissenschaftlich fundierte Basis zur Vermittlung von Methoden und Techniken des ML. KMU können von dieser Art der Qualifizierung jedoch nur indirekt durch besser ausgebildete Absolventinnen und Absolventen profitieren, da für bereits im Unternehmen Beschäftigte eine solches Qualifizierungskonzept ungeeignet ist. Dies hat insbesondere damit zu tun, dass operative Mitarbeiter häufig stark in das alltägliche Geschäft eingebunden sind und somit nur mit großem Aufwand längerfristig zu Schulungszwecken freigestellt werden können. Im industriellen Umfeld wird daher klassischerweise zwischen dem arbeitsgebundenen und dem arbeitsorientierten Lernen unterschieden (Scholz, 2014). Während das arbeitsgebundene Lernen einen direkten Bezug sowie räumliche Nähe zum Arbeitsplatz aufweist („On the Job"), erfolgt die Kompetenzentwicklung beim arbeitsorientierten Lernen unabhängig vom Arbeitsplatz („Off the Job") (Mühlbradt, 2015; Senderek et al., 2015). Eine mit der Digitalisierung aufkommende weitere Methode der Kompetenzentwicklung findet sich im E-Learning oder auch im Blended Learning, welches klassische Lernmethoden mit den Möglichkeiten des E-Learning kombiniert (Sauter et al., 2004). Eine Studie des MMB-Instituts für Medien- und Kompetenzforschung besagt, dass durch diese Formate eine Erhöhung der räumlichen und zeitlichen Flexibilität, eine Individualisierung von Weiterbildungsmaßnahmen sowie umfangreiche Zeit- und Kostenersparnisse erzielt werden können (MMB Institut für Medien- und Kompetenzforschung, Haufe Akademie, 2014). Es ist daher nicht weiter verwunderlich, dass eine Vielzahl verschiedener Weiterbildungsangebote basierend auf diesem Lernformat zu finden sind. Auf Ausbildungsportalen wie zum Beispiel Udemy, Udacity oder edX finden sich zahlreiche Weiterbildungsangebote im Bereich ML, die insbesondere theoretisches Grundlagenwissen vermitteln (Fichter, 2017). Daneben bieten mittlerweile auch die großen Internetkonzerne wie Amazon Web Services, Microsoft, Google etc. eigene Ausbildungsreihen, zugeschnitten auf die eigene Software, an. Dies führt zu einem unübersichtlichen Markt an Ausbildungsmöglichkeiten. Erschwerend kommt insbesondere für kleinere Unternehmen ohne eigene Data-Science-Abteilung hinzu, dass eine fehlende Verknüpfung der Ausbildungsangebote mit industriell erforderlichen Kompetenzen die Auswahl entsprechender Schulungen nahezu unmöglich macht. Diesem Umstand ist es geschuldet, dass insbesondere KMU seltener auf entsprechende Weiterbildungsangebote zurückgreifen (Treumann *et al.*, 2012; Gorges, 2015).

3 Handlungsbedarf und Ausblick

Es zeigt sich, dass die produzierende Industrie und insbesondere KMU ein großes Interesse am Aufbau interner Kompetenzen im Bereich ML haben. Zum aktuellen Zeitpunkt wird dieser Kompetenzaufbau jedoch nur in geringem Maße oder gar nicht betrieben. In den allermeisten Fällen begründet sich das Fehlen entsprechender Kompetenzen jedoch nicht in einem Unwillen der Unternehmensführung, die Beschäftigten entsprechend zu fördern und weiterzuentwickeln, sondern in den fehlenden Möglichkeiten, dies konkret zu tun. Einerseits verhindert der stetige Wettbewerbsdruck, dass neben dem alltäglichen Geschäft Zeit bleibt, sich langwierigen Schulungen zu unterziehen, andererseits muss auch die Bereitschaft in der Belegschaft geschaffen werden, sich weiterentwickeln zu wollen und dies auch aktiv zu fordern.

Es gilt daher, in einem nächsten Schritt die erforderlichen Kompetenzen zur Sicherung der digitalen Souveränität tiefergehend zu analysieren und zu konkretisieren. Um diese Kompetenzen auch praxisnah ausprägen zu können, sollen durch weitere Untersuchungen die erforderlichen Phasen, Akteure und Rollen ausgestaltet werden. Anschließend können den ausgeprägten Rollen per „Matching" die erforderlichen Kompetenzen zugewiesen werden. Zur Förderung der Kompetenzentwicklung soll ebenso ein Katalog an Maßnahmen bzw. bestehenden Schulungsmodulen entwickelt werden, auf welchen die Unternehmen zurückgreifen können.

Aus diesem Grund soll das zu entwickelnde Modell gerade keine weitere Maßnahme oder Plattform zur Kompetenzentwicklung sein, sondern den Unternehmen einen Handlungsleitfaden bieten, welche Mitarbeiter zu welchem Kompetenzniveau zu qualifizieren sind und wie dies praxistauglich zu bewerkstelligen ist.

Um sicherzustellen, dass das zu entwickelnde Konzept generalisierbar ist, wird im Schulterschluss mit dem Forschungsprojekt „Datengetriebene Prozessoptimierung mitHilfe maschinellen Lernens in der Getränkeindustrie (DaPro)" erarbeitet, inwieweit die neu zu definierenden Kompetenzen auch branchenübergreifend Anwendung finden können. Denn auch in der Prozessindustrie hält die Digitalisierung stetigen Einzug, sodass dort ebenso die Frage erwachsen ist, „bis zu welchem Grad der Aufbau interner Kompetenzen angesichts der zunehmenden Relevanz von Daten bis hin zu einem eigenen Wirtschaftsgut erfolgen kann und welche Kooperationskonzepte darüber hinaus mit externen Akteuren denkbar sind" (Wöstmann et al., 2019).

Literatur

acatech: Kompetenzen für Industrie 4.0: Qualifizierungsbedarfe und Lösungsansätze, acatech POSITION. Herbert Utz, München (2016)

Arnold, B.: Prognose von Schlüsselqualifikationen in IT-Serviceunternehmen. Deutscher Universitätsverlag, Wiesbaden (2005)

Bauer, N., Stankiewicz, L., Jastrow, M., Horn, D., Teubner, J., Kersting, K., Deuse, J. and Weihs, C.: Industrial Data Science. Developing a Qualification Concept for Machine Learning in Industrial Production, 04.–06.07.2018, Paderborn (2018)

Bertelsmann Stiftung: Zukunft der Arbeit in deutschen KMU: Werkstattbericht. Gütersloh (2018)

Bitkom: Digitale Souveränität. Positionsbestimmung und erste Handlungsempfehlungen für Deutschland und Europa (2015). https://www.bitkom.org/Bitkom/Publikationen/Digitale-Souveraenitaet-Positionsbestimmung-und-erste-Handlungsempfehlungen-fuer-Deutschland-und-Europa.html. Zugegriffen: 1. Juli 2020

Bitkom: Industrie 4.0 –Die neue Rolle der IT. Leitfaden (2016). https://www.bitkom.org/sites/default/files/file/import/160421-LF-Industrie-40-Die-neue-Rolle-der-IT.pdf. Zugegriffen: 1. Juli 2020

BMWi: Monitoring-Report Digitale Wirtschaft 2014. Innovationstreiber IKT (2014). https://www.bmwi.de/Redaktion/DE/Publikationen/Digitale-Welt/monitoring-report-digitale-wirtschaft-2014.pdf?__blob=publicationFile&v=5. Zugegriffen: 8. Juli 2020

Bogenstahl, C., inke, G.: Unternehmen. Digitale Souveränität – ein mehrdimensionales Handlungskonzept für die deutsche Wirtschaft. In: Wittpahl, V. (Hrsg.) iit-Themenband – Digitale Souveränität: Bürger, Unternehmen, Staat. Springer Vieweg Open, Berlin (2017)

Bundesregierung: Deutschlands Zukunft gestalten. Koalitionsvertrag zwischen CDU, CSU und SPD (2013). https://www.cdu.de/sites/default/files/media/dokumente/koalitionsvertrag.pdf. Zugegriffen: 8. Juli 2020

Chapman, P., Clinton, J., Kerber, R., Khabaza, T., Reinartz, T., Shearer, C., Wirth, R.: CRISP-DM 1.0. Step-bvy-step data mining guide (2000)

Deuse, J., Erohin, O. and Lieber, D.: Wissensentdeckung in vernetzten, industriellen Datenbeständen. In: Lödding, H. (Hrsg.) Industrie 4.0: Wie intelligente Vernetzung und kognitive Systeme unsere Arbeit verändern, Hamburg, 12.–13.09.2014, S. 373–395. Gito, Berlin (2014)

Eickelmann, M., Wiegand, M., Konrad, B., Deuse, J.: Die Bedeutung von Data-Mining im Kontext von Industrie 4.0. Z. wirtsch. Fabrikbetrieb **110**(11), 738–743 (2015)

Erpenbeck, J., von Rosenstiel, L., Grote, S., Sauter, W. (Hrsg.): Handbuch Kompetenzmessung: Erkennen, verstehen und bewerten von Kompetenzen in der betrieblichen, pädagogischen und psychologischen Praxis, 3, überarbeitete und erweiterte Aufl. Schäffer-Poeschel, Stuttgart (2017)

Fayyad, U., Piatetsky-Shapiro, G., Smyth, P.: From data mining to knowledge discovery in databases. AI Mag. **17**(3), 37–54 (1996)

Fichter, A.: Ab in die Unendlichkeit (2017). https://www.sueddeutsche.de/wirtschaft/silicon-valley-ab-in-die-unendlichkeit-1.3507740. Zugegriffen: 15. Juli 2020

Fölsch, T.: Kompetenzentwicklung und Demografie, Zugl.: Kassel, Univ., Diss., 2010, Schriftenreihe Personal- und Organisationsentwicklung, Bd. 9. Kassel Univ. Press, Kassel (2010)

Freitag, M: Kommunikation im Projektmanagement. Springer Fachmedien Wiesbaden, Wiesbaden (2016)

Frerichs, F.: Demografischer Wandel in der Erwerbsarbeit – Risiken und Potentiale alternder Belegschaften. J. Labour Mark. Res. **48**(3), 203–216 (2015)

Gausemeier, J., Eckelt, D., Dülme, C.: Strategische Planung. In: Maier, G.W., Engels, G., Steffen, E. (Hrsg.) Handbuch Gestaltung digitaler und vernetzter Arbeitswelten, S. 35–57. Springer, Heidelberg (2020). https://doi.org/10.1007/978-3-662-52979-9_2

Gorges, J.: Warum (nicht) an Weiterbildung teilnehmen? Z. Erziehungswiss. **18**(S1), 9–28 (2015)

Hartig, J. und Klieme, E.: „Kompetenz und Kompetenzdiagnostik". In: Schweizer, K. (Hrsg.), S. 127–143. Leistung und Leistungsdiagnostik, Springer-Verlag, Berlin/Heidelberg (2006)

Kauffeld, S., Grote, S., Frieling, E.: Das Kasseler-Kompetenz-Raster (KKR, act4teams). Handbuch Kompetenzmessung: Erkennen, verstehen und bewerten von Kompetenzen in der betrieblichen, pädagogischen und psychologischen Praxis, 3. Aufl., S. 326–345. Schäffer-Poeschel, Stuttgart (2017)

Klieme, E., Hartig, J.: Kompetenzkonzepte in den Sozialwissenschaften und im erziehungswissenschaftlichen Diskurs. In: Prenzel, M., Gogolin, I., Krüger, H.-H. (Hrsg.) Kompetenzdiagnostik, S. 11–29. VS Verlag, Wiesbaden (2008)

Klieme, E., Avenarius, H., Blum, W., Döbrich, P., Gruber, H., Prenzel, M., Reiss, K., Riquarts, K., Rost, J., Tenorth, H.-E. und Vollmer, H.J. (2003), Zur Entwicklung nationaler Bildungsstandards: Eine Expertise, Bildungsreform, 4., unveränd. Aufl., Stand Juni 2003

Königes, H.: Kommt der Datenwissenschaftler 2.0 (2020). https://www.computerwoche.de/a/kommt-der-datenwissenschaftler-2-0,3549205. Zugegriffen: 14. Juli 2020

Landau, K., Diaz Meyer, M., Spelten, C., Weißert-Horn, M.: Europa wird grau. Arbeitsgestaltung für alternde Belegschaften. Ind. Eng. **2011**, 22–27 (2011)

Lavanchy, M., Lalive, R., Müller, B.: Corona beschleunigt Digitalisierung der Arbeit. Die Volkswirtschaft **6**, 15–17 (2020). https://dievolkswirtschaft.ch/content/uploads/2020/05/07_Mueller_Lalive_Lavanchy_DE.pdf. Zugegriffen: 15. Juli 2020

Leeser, D.C.: Definitionen, Erläuterungen und Abgrenzung. In: Leeser, D.C. (Hrsg.) Digitalisierung in KMU kompakt, IT kompakt, S. 21–62. Springer, Berlin (2020)

Mazarov, J., Wolf, P., Schallow, J., Nöhring, F., Deuse, J., Richter, R.: Industrial Data Science in Wertschöpfungsnetzwerken. Konzept einer Service-Plattform zur Datenintegration und -analyse, Kompetenzentwicklung und Initiierung neuer Geschäftsmodelle. Z. wirtsch. Fabrikbetrieb (ZWF) **114**(12), 874–877 (2019)

MBB Institut für Medien- und Kompetenzforschung, Haufe Akademie: Ergebnisbericht zur Studie "e-Learning im Mittelstand – 2014": Der Mittelstand baut beim e-Learning auf Fertiglösungen. Repräsentative Studie zu Status quo und Perspektiven von e-Learning in deutschen Unternehmen. Essen (2014)

Morik, K., Deuse, J., Stolpe, M., Bohnen, F., Reichelt, U.: Einsatz von Data-Mining-Verfahren im Walzwerk. stahl und eisen **130**(10), 80–82 (2010)

Mühlbradt, T. (Hrsg.) (2015) Was macht Arbeit lernförderlich?: Eine Bestandsaufnahme, MTM-Schriften Industrial Engineering. Ausg. 1, MTM-Inst, Hamburg

North, K., Brandner, A., Steininger, T.: Die Wissenstreppe: Information – Wissen – Kompetenz. In: North, K., Brandner, A., Steininger, M. (Hrsg.) Wissensmanagement für Qualitätsmanager, Essentials, S. 5–8. Springer Fachmedien Wiesbaden, Wiesbaden

Poguntke, S.: Der Business-Kontext: Think Tanks in der unternehmerischen Praxis. In: Poguntke, S. (Hrsg.) Corporate Think Tanks, S. 13–17. Springer Fachmedien Wiesbaden, Wiesbaden (2019)

Rammer, C., Köhler, C., Murmann, M., Pesau, A., Schwiebacher, Kinkel, S., Kirner, E., Schubert, T. and Som, O.: Innovationen ohne Forschung und Entwicklung: Eine Untersuchung zu Unternehmen, die ohne eigene FuE-Tätigkeit neue Produkte und Prozesse einführen, Studien zum deutschen Innovationssystem. Mannheim und Karlsruhe (2010)

Sauter, A.M., Sauter, W. and Bendert, H.: Blended learning: Effiziente Integration von E-Learning und Präsenztraining, 2., erw. und überarb. Aufl. Luchterhand, Neuwied (2004)

Scholz, C.: Personalmanagement: Informationsorientierte und verhaltenstheoretische Grundlagen, Vahlens Handbücher der Wirtschafts- und Sozialwissenschaften, 6., neubearb. und erw. Aufl. Vahlen, München (2014)

Senderek, R., Mühlbradt, T. and Buschmeyer, A.: Demografiesensibles Kompetenzmanagement für die Industrie 4.0. In: Jeschke, S., Richert, A., Hees, F. and Jooß, C. (Hrsg.) Exploring Demographics, Bd. 19, S. 281–295. Springer Fachmedien Wiesbaden, Wiesbaden (2015)

Stadelmann, T., Stockinger, K., Heinatz Bürki, G., Braschler, M.: Data scientists. In: Braschler, M., Stadelmann, T., Stockinger, K. (Hrsg.) Applied Data Science, S. 31–45. Springer International Publishing, Cham

Treumann, K.P., Ganguin, S., Arens, M.: E-learning in der beruflichen Bildung: Qualitätskriterien aus der Perspektive lernender Subjekte, 1. Aufl. VS-Verl, Wiesbaden (2012)

Weinert, F.E.: Vergleichende Leistungsmessung in Schulen – eine umstrittene Selbstverständlichkeit, Reprint/Max-Planck-Institut für psychologische Forschung <München>, Bd. 2001, 4, Max-Planck-Institut für psychologische Forschung, München (2001)

Weisner, K.: Beitrag zur Entwicklung individueller Kompetenz zum Umgang mit Variabilität in der Montage durch Adaption motorischer Lerntheorien, Schriftenreihe Industrial Engineering, Bd. 25, 1. Aufl. Shaker, Herzogenrath (2019)

Wienzek, T.: Vier Industrie 4.0-Strategietypen für die Praxis. In: Wagner, R.M. (Hrsg.) Industrie 4.0 für die Praxis, S. 29–52. Springer Fachmedien Wiesbaden, Wiesbaden (2018)

Wildt, J.: Kompetenzen als Learning Output. J. Hochschuldidaktik **2006**(17), 6–9 (2006)

Wölfl, S., Leischnig, A., Ivens, B., Hein, D.: From Big Data to Smart Data – Problemfelder der systematischen Nutzung von Daten in Unternehmen. In: Becker, W., Eierle, B., Fliaster, A., Ivens, B., Leischnig, A., Pflaum, A., Sucky, E. (Hrsg.) Geschäftsmodelle in der digitalen Welt: Strategien. Prozesse und Praxiserfahrungen, S. 213–231. Springer Fachmedien Wiesbaden, Wiesbaden (2019)

Wöstmann, R., Reckelkamm, T., Deuse, J., Kimberger, J., Temme, F., Schlunder, P., Klinkenberg, R.: Datengetriebene Prozessoptimierung in der Getränkeindustrie. Fabriksoftware **24**(03), 21–24 (2019)

Automatische Programmierung von Produktionsmaschinen

Florian Eiling[1(✉)] und Marco Huber[1,2]

[1] Institut für Industrielle Fertigung und Fabrikbetrieb IFF, Universität Stuttgart, Stuttgart, Deutschland
florian.eiling@iff.uni-stuttgart.de

[2] Zentrum für Cyber Cognitive Intelligence (CCI), Fraunhofer IPA, Stuttgart, Deutschland

Zusammenfassung. Heutige Methoden der Programmierung von Produktionsmaschinen erfordern großen manuellen Aufwand. Dies hat zur Konsequenz, dass der Einsatz heutiger Automatisierungslösungen nur bei großen Stückzahlen wirtschaftlich ist. Im Zuge der Massenpersonalisierung kommt es gleichzeitig zu immer höheren Anforderungen an die Flexibilität der Produktion. Damit kann der Produktionsstandort Deutschland nur mittels einer gesteigerten digitalen Souveränität über die eigenen Produktionsmaschinen durch eine aufwandsreduzierte, flexible Programmiermöglichkeit von Produktionsmaschinen gehalten werden.

Zur Reduzierung des Programmieraufwands sind Methoden des Maschinellen Lernens geeignet, insbesondere das Teilgebiet des Reinforcement Learning (RL). Beides verspricht eine deutlich gesteigerte Produktivität. Im Folgenden werden die Möglichkeiten und die Hindernisse auf dem Weg zur RL-gestützten, flexiblen, autonom handelnden Produktionsmaschine analysiert.

Besonders im Fokus stehen dabei Aspekte der Zuverlässigkeit von Systemen aus dem Feld der Künstlichen Intelligenz (KI). Ein zentraler Aspekt der Zuverlässigkeit ist die Erklärbarkeit der KI-Systeme. Diese Erklärbarkeit ist wiederum eine tragende Säule der digitalen Souveränität auf der Ebene der das System nutzenden Menschen.

Schlüsselwörter: Künstliche Intelligenz · Automatisierung · Flexible Programmierung

1 Status quo

Der Wunsch nach intelligenten, autonom handelnden Produktionsmaschinen hat sich bisher noch nicht erfüllt. Heutige Produktionsmaschinen führen primär repetitive Tätigkeiten durch. Bei kleinen Änderungen im Prozess müssen die Produktionsmaschinen aufwändig neu angepasst werden. Ihr Einsatz rechnet sich deswegen nur bei der Produktion mit großen Stückzahlen (Losgröße), während bei einer kleinen Losgröße der Aufwand für die Programmierung der Produktionsmaschinen bereits häufig den Aufwand der manuellen Fertigung selbst übersteigt. Der aufwändige Programmierprozess für Produktionsmaschinen führt also zu unflexiblen und nicht

E. A. Hartmann (Hrsg.): *Digitalisierung souverän gestalten*, S. 44–58, 2021.
https://doi.org/10.1007/978-3-662-62377-0_4

wandlungsfähigen Systemen, die sich nicht für die Massenpersonalisierung eignen (Westkämper 2014; Bauernhansl 2017). Massenpersonalisierung bezeichnet „die Produktion von Gütern und Leistungen, welche die unterschiedlichen Bedürfnisse jedes einzelnen Nachfragers dieser Produkte treffen, mit der Effizienz einer vergleichbaren Massen- beziehungsweise Serienproduktion" (Piller 2008).

Im Folgenden werden Robotersysteme als Beispiel für Produktionsmaschinen betrachtet. Die dargestellten Methoden sollten sich analog auf andere Produktionsmaschinen übertragen lassen. Moderne Ansätze wie zum Beispiel die intuitive oder die skill-basierte Roboterprogrammierung reichen nicht aus, um dieses fundamentale Problem des Programmieraufwands zu beheben. Bei diesen Methoden können fertige Programmierbausteine in einfacher Art und Weise zu einem Programm zusammengefügt werden. Hierfür gibt es zahlreiche kommerzielle Lösungen (ArtiMinds Robotics 2020; drag&bot 2020). Durch die Verwendung fertiger Programmierbausteine sinken das nötige Expertenwissen und der benötigte Aufwand für die erfolgreiche Neuprogrammierung. Allerdings ist für komplexe Prozesse weiterhin Expertenwissen in der Robotik notwendig. Auch ist der nötige Aufwand zur Neukonfiguration weiterhin signifikant.

Die Roboterprogrammierung durch Demonstration kann diese Probleme ebenfalls nicht lösen. Bei der genannten Programmiermethode kann ein Mensch einen Roboter durch eine Aufgabe führen. Durch mehrmaliges Wiederholen und entsprechende Optimierung auf der Softwareseite lernt der Algorithmus, den Prozess selbstständig durchzuführen, wodurch dem Automatisierungssystem auch komplexe Aufgaben relativ schnell beigebracht werden können. Auch wenn dadurch der Programmieraufwand und das nötige Expertenwissen reduziert werden, ist dieses System zu unflexibel für die Produktion in kleinen Losgrößen. Des Weiteren werden eine menschliche „Lehrperson" und die reale Hardware benötigt, wodurch es zeitweise zum Stillstand der Produktion kommt (Billard et al. 2008).

Neben dem Programmieraufwand und der benötigten Expertise gibt es noch weitere Gründe, warum die heutigen Automatisierungssysteme nicht geeignet sind für die Produktion in kleinen Losgrößen. Zum einen sind Testläufe nötig, während derer Ausschuss erzeugt wird. In kleinen Losgrößen wird dadurch der Materialbedarf vervielfacht. Darüber hinaus ist die Kooperation der Produktionsmaschinen mit den Menschen nicht optimal. Aufgrund der Inflexibilität übernehmen häufig die Beschäftigten die komplexen Aufgaben, während der Roboter lediglich wartet. Das heißt, die anfallende Arbeit ist nicht optimal verteilt und es sind nicht alle Kapazitäten ausgelastet.

Ein Beispiel für die Produktion in kleinen Losgrößen ist die Montage von elektrischen Schaltschränken. Diese werden häufig in Losgrößen von eins bis zehn gefertigt. Dabei sind die auftretenden einzelnen Arbeitsschritte alle mit dem heutigen Stand der Technik prozesssicher durchführbar. Aufgrund einer Vielzahl an Kombinationsmöglichkeiten gibt es aber kein Automatisierungssystem, das in der Lage ist, die Schaltschrankmontage wirtschaftlich durchzuführen. Hinzu kommt, dass der Aufwand der manuellen Programmierung bereits den Aufwand der manuellen Produktion übersteigt. Aus diesem Grund wird die Montage von Schaltschränken häufig mindestens in Teilprozessen manuell durchgeführt (Tempel et al. 2017).

Ein möglicher Ansatz für die Entwicklung einer Automatisierungslösung für kleine Losgrößen, die die oben genannten Probleme behebt, ist die Verwendung von Methoden des maschinellen Lernens (ML) – insbesondere des sogenannten Reinforcement Learning (RL). Eine solche ML-Lösung muss also die folgenden Anforderungen erfüllen.

(1) Das System muss das nötige Expertenwissen, das zur Programmierung und zur Neukonfiguration der Produktionsmaschinen notwendig ist, weiter reduzieren und eine hohe Flexibilität des Gesamtsystems ermöglichen. Dies steigert sowohl die Souveränität der Unternehmen als auch die Souveränität der beteiligten Beschäftigten über die eigenen Produktionsmaschinen. (2) Weiter muss die Programmierung möglichst defekt- und unterbrechungsfrei stattfinden, damit die Automatisierung der Produktion auch in kleinen Losgrößen wirtschaftlich ist. (3) Durch die Automatisierung sollten möglichst alle nicht wertschöpfenden Tätigkeiten an das Automatisierungssystem verlagert werden können. (4) Wenn weitere Schritte notwendig sind, soll die Zusammenarbeit mit den beteiligten Arbeitern sicher, zuverlässig, und ohne Stillstand sein, wobei der Mensch immer das Sagen haben muss.

2   Aktuelle Entwicklungen

Aktuelle Trends, die die Entwicklung von flexiblen Automatisierungsbedingungen erfordern oder ermöglichen, sind die Massenpersonalisierung, die weiterlaufende Digitalisierung und die Künstliche Intelligenz (KI) mit ihrem Teilgebiet des ML. Konsumierende fordern immer weiter personalisierte Produkte – in diesem Zuge spricht man von der Massenpersonalisierung. Darüber hinaus kommt es zu einem Fachkräftemangel durch den demographischen Wandel – auf Seiten der Produktionsfachkräfte und auf Seiten der Robotikexpertinnen und -experten. Zusammen mit hohen Lohnkosten am Standort Deutschland verlangen diese Trends die Entwicklung einer flexiblen Automatisierungslösung. Bisherige Automatisierungslösungen sind nicht hinreichend flexibel und erfordern zu viel Aufwand beziehungsweise Expertenwissen zur Programmierung und Neukonfiguration.

Einen möglichen Ansatz zur Entwicklung einer solchen Automatisierungslösung bietet das ML. ML-Techniken haben sich in den letzten Jahren in vielen Bereichen verbreitet – sowohl auf Seiten der Forschung als auch auf Seiten der Industrie und der Gesellschaft. Begründet wird dieses Interesse durch vorher nicht für möglich gehaltene Fortschritte zum Beispiel im Bereich der Bildverarbeitung und Bilderkennung, der Entwicklung von ML-Lösungen für Brettspiele und der maschinellen Übersetzung. Hierfür werden moderne ML-Techniken wie tiefe neuronale Netze mit großem Erfolg eingesetzt (Silver et al. 2017; Johnson et al. 2016; Krizhevsky et al. 2012).

Tiefe neuronale Netze setzen sich aus mehreren Schichten von künstlichen Neuronen zusammen. „Tief" bezeichnet das Hintereinanderschalten von sehr vielen solcher Schichten. Diese orientieren sich lose an biologischen Neuronen und sind mit allen Neuronen der darauffolgenden Schicht verbunden (siehe Abb. 1). Die Verbindungen zwischen den Neuronen können unterschiedlich „stark" sein und kodieren das gelernte Wissen des neuronalen Netzes. Die Eingabedaten werden von vorne nach hinten durch das Netz propagiert – also über die Verbindungen zwischen den Neuronen gewichtet an die jeweils darauffolgenden Neuronen weitergegeben, bis die letzte Schicht (die Ausgabeschicht) des Netzes erreicht ist. An der Ausgabeschicht des Netzes wird ein eventueller Fehler rückwärts durch das Netz propagiert und die Verbindungen der Neuronen werden so angepasst, dass das Netz in Zukunft weniger Fehler macht. Diesen Prozess bezeichnet man als das Training des tiefen neuronalen Netzes. Nach Abschluss des Trainings kann das Netz in der Anwendung benutzt werden. Der Erfolg dieser tiefen neuronalen Netze beruht darauf, dass sie beliebige Funktionen approximieren und deswegen vielseitig eingesetzt werden können (Goodfellow et al. 2016; LeCun et al. 2015).

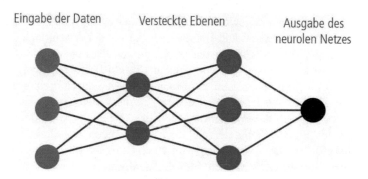

Abb. 1. Schematische Darstellung eines neuronalen Netzes. Die Eingabedaten werden in der Eingabeschicht (grau) in das Netz reingegeben und anschließend an die nachfolgenden Schichten (orange) weitergegeben, bis das Ende des Netzes, die Ausgabeschicht (rot), erreicht ist.

Der erfolgreiche Einsatz von modernen ML-Methoden benötigt hochqualitative Daten, genaue digitale Modelle (digitale Zwillinge) und leistungsstarke Rechner. Diese Anforderungen haben sich in den letzten Jahren aufgrund exponentiell gestiegener Rechenleistung und exponentiell angewachsener Datenmengen zunehmend erfüllt, unter anderem durch die Digitalisierung (Alom et al. 2018; LeCun et al. 2015).

2.1   ML in der Produktion

Ein wichtiges Ziel des Einsatzes von ML-Methoden in der Produktion war immer die Entwicklung von intelligenten, autonomen Systemen. Darüber hinaus versprechen ML-Methoden großes Potenzial in der gesamten Wertschöpfungskette – von der Produktentstehung, über die Produktionsplanung, bis hin zur Qualitätskontrolle, der automatischen Wartung und dem Vertrieb. Unternehmen erhoffen sich eine gesteigerte Produktqualität, bei größerer Flexibilität, niedrigeren Kosten und eine Reduktion des Energieverbrauchs beziehungsweise der Umweltbelastung. Zu diesen Zwecken werden ML-Techniken in der Industrie bereits erfolgreich eingesetzt (accenture 2017; Kober et al. 2013; Spinnarke 2017).

Allerdings gibt es einige typische Hürden, die einem erfolgreichen Produktiveinsatz von ML-Techniken häufig im Wege stehen. Neben mangelnder Datenmenge und -qualität, ist hier insbesondere auch die fehlende Zuverlässigkeit von ML-Methoden zu nennen. Darauf wird in den folgenden Abschnitten weiter eingegangen.

2.2 ML zur Steuerung von Produktionsmaschinen

Zur Programmierung und Steuerung von Produktionsmaschinen wird viel an ML-Methoden geforscht. Ein besonderes Interesse kommt hierbei dem sogenannten Reinforcement Learning (RL) zu.

Das Reinforcement Learning („Verstärkendes Lernen") ist ein allgemeines Lernparadigma. Das Paradigma besteht aus einem Akteur, seinem Umfeld, seinen Handlungsmöglichkeiten und einer Belohnung für seine Handlungen (siehe Abb. 2). Der Akteur befindet sich in einem gewissen Umfeld. Er hat die Möglichkeit, Handlungen auszuführen – also etwas zu tun. Die Handlungen, für die der Akteur sich entscheidet, haben Auswirkungen auf das Umfeld und abhängig von der Handlung verändert sich das Umfeld. Der Akteur erhält nun von seinem Umfeld beziehungsweise durch die Auswirkungen seiner Handlungen eine sogenannte Belohnung, die einen Anreiz darstellt, etwas in Zukunft wieder zu tun oder es zu unterlassen. Anschließend hat der Akteur die Möglichkeit, die Auswirkungen seiner Handlung auf die Umwelt zu beobachten, unter Einbeziehung der Belohnung eine neue Handlung auszuwählen und diese auszuführen. Diesen Vorgang von einer Umfeldveränderung zur nächsten bezeichnet man als einen (Zeit-)Schritt des Lernparadigmas.

Daraufhin wiederholt sich der ganze Schritt immer wieder, bis das Lernen gestoppt wird. Das Ziel des Akteurs ist es, durch seine Handlungen die Belohnungen, die er von seinem Umfeld erhält, zu maximieren. Er möchte also maximal viele Belohnungen erhalten. Die Belohnungsfunktion wird vom Entwickler festgelegt und enthält Informationen über die zu lernende Aufgabe. Der Lernalgorithmus hat das Ziel, die Ausführung der durch die Belohnungsfunktion kodierten Aufgabe optimal zu lernen (Sutton und Barto 2018).

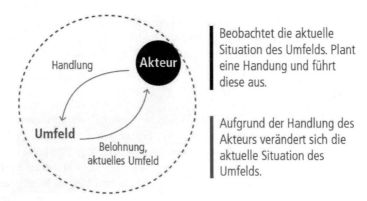

Abb. 2. Das Reinforcement-Learning-Paradigma. Man sieht das Zusammenspiel von Akteur und Umfeld: Der Akteur führt eine Handlung aus, erhält dafür eine Belohnung und beobachtet anschließend ein verändertes Umfeld.

Dieses allgemeine Paradigma erlaubt die Modellierung einer Vielzahl von Situationen (Sutton und Barto 2018). Ein Beispiel ist die Produktionsplanung einer Anlage zur Halbleiterfertigung durch einen ML-Algorithmus.

- Der Akteur ist in diesem Beispiel der ML-Algorithmus, der entscheidet, wann die Produktionsschritte auf welcher Maschine ausgeführt werden.
- Das Umfeld ist in diesem Fall ein abstraktes Modell der Fabrik. Das Umfeld beinhaltet die Maschinen in der Fabrik, die Fähigkeiten und aktuellen Zustände der Maschinen (kaputt, wartend usw.) sowie die aktuelle Verteilung der Jobs auf den Maschinen.
- Der Akteur hat die Möglichkeit, bei Eintreffen eines neuen Jobs oder bei Abschluss eines Jobs die aktuelle Planung zu verändern. Das heißt, der Akteur entscheidet darüber, welche Jobs aktuell wo produziert werden, aber auch, welche Jobs in der Warteschleife hängen.
- Die Belohnungsfunktion wird vom Entwickler des ML-Algorithmus ausgewählt und erhält Informationen über die zu erledigende Aufgabe – insbesondere was der Algorithmus optimieren soll. In diesem Fall beinhaltet die Belohnungsfunktion Leistungskennzahlen der Fabrik, wie zum Beispiel die Gerätebetriebszeit (Waschneck et al. 2018).

In den vergangenen Jahren wurden moderne ML-Techniken, wie etwa tiefe neuronale Netze, sehr erfolgreich als der lernende ML-Algorithmus in diesem Lernparadigma eingesetzt. So kann das neuronale Netz zum Beispiel direkt lernen, welche Handlung in welcher Situation ausgeführt werden soll (ein sogenannter modellfreier Algorithmus). Alternativ kann das Netz aber auch zum Einlernen eines Umfeldmodells und anschließend zur Planung der Handlungen verwendet werden (ein sogenannter modellbasierter Ansatz). Insbesondere wird viel daran geforscht, RL zur Steuerung von Produktionsmaschinen und anderen automatisierten Systemen zu verwenden. In speziellen Fragestellungen wurde RL dafür auch bereits erfolgreich eingesetzt. Dies beinhaltet zum Beispiel den Griff in die Kiste und das anschließende Werfen eines Objektes in eine andere Kiste, das Sortieren von Objekten im Produktiveinsatz, die Optimierung von Produktionsplanung, das Einfügen eines festen Stifts in ein deformierbares Loch und das Zusammenfügen von Steckverbindungen. Auch wenn dies hochkomplexe Probleme sind, sind es Spezialaufgaben in einem jeweils sehr genau kontrollierten Setting und keine kompletten Produktionsprozesse (Waschneck et al. 2018; Xanthopoulos et al. 2018; Zeng et al. 2019; covariant.ai 2020; Luo et al. 2018; Schoettler et al. 2019).

2.3 Inhärente technische Hürden

Neben der bisher noch fehlenden angewandten Forschung in diesem Bereich weisen Reinforcement-Learning-Algorithmen in der realen Welt typischerweise einige Nachteile auf, die es noch zu überwinden gilt. Die erste Hürde ist die geringe Dateneffizienz beziehungsweise die große Menge an benötigten Trainingsdaten. Insbesondere die häufig verwendeten modellfreien RL-Algorithmen benötigen

typischerweise Millionen von Trainingspunkten, bis sie ihre endgültige Leistungs-
fähigkeit erreichen. Diese Datenmengen lassen sich mit dem Training auf realen
Systemen – also ohne die Verwendung von Simulationen – nur schwer erzeugen.
Limitierende Faktoren sind hierbei insbesondere die Voraussetzung einer großen
Menge an parallelen Aufbauten, der hohe Zeitaufwand und der Verschleiß der
Hardware (Irpan 2020; Hessel et al. 2017; Kober et al. 2013; Mahmood et al. 2018).

Aus diesem Grund sind hochqualitative Simulationen zum Training der
Algorithmen erforderlich. Diese haben den Vorteil, dass die ML-Algorithmen kostengünstig und effizient trainiert werden können, aber auch die hohe Flexibilität, die die
Verwendung einer Simulationsumgebung bietet. So können die ML-Algorithmen
unabhängig von der realen Hardware trainiert werden. Das heißt zum einen ohne
Produktionsstillstand zum Training der ML-Algorithmen und zum anderen, dass die
simulierte Trainingsumgebung flexibel verändert und an neue Produkte angepasst
werden kann, ohne dass Änderungen an der realen Hardware nötig sind. Allerdings
ist es nicht möglich, alle auftretenden relevanten physikalischen Prozesse während
eines komplexen Vorgangs korrekt zu modellieren – dies beinhaltet zum Beispiel
den Einfluss der Temperatur, den Verschleiß der Produktionsmaschinenteile oder
Verformungen der Werkstücke. Aus diesem Grund bildet die Simulation die Realität nie genau ab, weswegen es bei dem Transfer von in der Simulation gelernten
ML-Steuerungsalgorithmen auf reale Hardware zu einem Leistungsabfall kommt.
Moderne Techniken wie Domain-Randomisierung können dem aber effizient entgegenwirken (Chebotar et al. 2019; Peng et al. 2018; Tobin et al. 2017).

Ein weiteres Problem ist, dass die ML-Algorithmen häufig zufällig initialisiert
werden, das heißt, dass sie anfangs zufällig handeln und von Grund auf lernen, die
Aufgabe auszuführen. Durch die zufällige Initialisierung ist das Lernen allerdings
nicht zielgerichtet, sondern basiert auf der zufälligen Annäherung an die korrekte
Ausführung. Dies führt gerade zu Beginn des Trainings auf realer Hardware zu einem
hohen Verschleiß. Dem kann aber mit der Verwendung von Simulationsumgebungen
entgegengewirkt werden. Darüber hinaus steigert diese Art der Initialisierung die
benötigten Datenmengen, da der Algorithmus alles von Grund auf lernen muss. Leider
ist es insbesondere bei den häufig verwendeten modellfreien Algorithmen nicht möglich, effektiv Vorwissen einzubringen oder bereits gelerntes Wissen auf ähnliche
Probleme zu übertragen, was diesem Problem entgegenwirken könnte (Polydoros und
Nalpantidis 2017; Mahmood et al. 2018; Schulman et al. 2015).

Schlussendlich sind die nach Abschluss des Trainings erhaltenen ML-Steuerungsalgorithmen häufig instabil gegenüber kleinen Änderungen des Umfelds, weisen eine
nicht ausreichende Erfolgsrate auf, und der Transfer auf ähnliche, aber noch nicht
gesehene Aufgaben ist nicht ausreichend. Dies kann dazu führen, dass eine kleine Veränderung des Umfelds (wie zum Beispiel eine veränderte Startposition des Roboter-
arms) dazu führt, dass der Algorithmus die Aufgabe nicht korrekt ausführen kann.
Häufig müssen bestimmte Algorithmen zur Erledigung einer weiteren ähnlichen Aufgabe komplett neu trainiert werden, da bereits gelerntes Wissen nicht effektiv genutzt
werden kann.

2.4   Lösungen für die inhärenten technischen Hürden

Vielversprechende Lösungsansätze für die geringe Dateneffizienz, die nicht effektive Verwendung von vorhandenem Vorwissen und die geringe Verallgemeinerung der gelernten Algorithmen liegen in der Verwendung von modellbasierten RL-Algorithmen. Hierbei lernt der Algorithmus ein Modell seines Umfelds und kann damit seine Handlungen planen. Man kann sich zum Beispiel vorstellen, was passieren würde, wenn man sein Smartphone fallen lässt und beschließen, dies deswegen lieber zu vermeiden, ohne es wirklich ausprobieren zu müssen. Die Verwendung eines Modells erlaubt es dem Algorithmus also, die Auswirkungen von Handlungen abzuschätzen, ohne diese ausprobieren zu müssen (insofern das Modell gut genug ist), wodurch der Algorithmus zielgerichtet mit deutlich weniger Daten die korrekte Ausführung lernt. Darüber hinaus erlaubt die Verwendung eines Modells das Einbringen von Vorwissen („Die Firma weiß schon, was gemacht werden soll und wie das geht, nur der Roboter noch nicht.") und den Transfer von bereits gelerntem Wissen auf ähnliche Aufgaben. Moderne modellbasierte ML-Algorithmen weisen auch keinen Leistungsnachteil gegenüber modellfreien ML-Algorithmen mehr auf (Polydoros und Nalpantidis 2017; Ha und Schmidhuber 2018).

Weitere Ansätze, den Transfer auf ähnliche Aufgaben zu verbessern, sind das sogenannte Transfer- und Metalernen. Beim Transferlernen wird dem ML-Algorithmus eine Vielzahl von ähnlichen, aber unterschiedlichen Aufgaben gestellt. Der Algorithmus hat das Ziel, alle Aufgaben gut zu erfüllen. Beim Metalernen hat der Algorithmus das Ziel, Lernen zu lernen. Durch beide Techniken werden die Algorithmen robuster gegenüber kleineren Änderungen und lernen, sich sehr schnell an neue Aufgaben anzupassen, sodass sie flexibler eingesetzt werden können (Tan et al. 2018; Hausman et al. 2018; Duan et al. 2016; Finn et al. 2017).

An letzter Stelle seien hier noch hierarchische Lernalgorithmen genannt. Diese Klasse von ML-Algorithmen setzt sich aus mehreren Ebenen zusammen. Zum Beispiel kann es eine Ebene geben, die bestimmte Skills – wie zum Beispiel das Verdrehen von Bauteilen, das Einfügen in Schnappverbindungen oder das Greifen von Bauteilen lernt. Dann gibt es weitere Ebenen, die diese Skills kombinieren und so selbst komplexe Aufgaben durchführen können. Dieser Ansatz hat den Vorteil, dass skillspezifische Informationen gekapselt und unabhängig voneinander gelernt werden können. Das steigert die Dateneffizienz, da die Skills nur einmal gelernt werden müssen und dann für neue Aufgaben eingesetzt werden können. Dafür muss lediglich die „Kombinationsebene" lernen, die neue Aufgabe durch Kombination der bekannten Skills auszuführen (Nachum et al. 2018; Vezhnevets et al. 2017; Florensa et al. 2017).

In Summe wirken die in den letzten Jahren stark weiterentwickelten Ansätze den skizzierten Limitierungen des einfachen RL entgegen.

2.5   Zuverlässigkeit, digitale Souveränität und regulatorische Anforderungen

Das Interesse an zuverlässigen ML-Methoden ist in den letzten Jahren stark gestiegen. Die Zuverlässigkeit von ML-Algorithmen meint in diesem Kontext Anforderungen an die Erklärbarkeit, die Verifizierbarkeit und die Risikoabschätzung, die bei klassischen modernen Methoden wie tiefen neuronalen Netzen wenig bis gar nicht erfüllt sind. Insbesondere aber in sicherheitskritischen Anwendungsgebieten wie dem autonomem Fahren oder der Mensch-Roboter-Kooperation sowie in regulatorisch komplexen Anwendungsfällen – zum Beispiel aufgrund von Datenschutzbestimmungen – sind diese unabdingbar: Man stelle sich ein autonomes Auto vor, von dem niemand weiß, wie es eigentlich funktioniert, bekannt ist nur, dass es bei allen Tests erfolgreich abgeschlossen hat. Wirklich sicher wird man sich in diesem Auto nicht fühlen. Das beschreibt die Problematik der fehlenden Erklärbarkeit ganz gut (Wachter et al. 2017; Huang et al. 2017; McAllister et al. 2017).

Zunächst benötigen ML-Algorithmen eine Möglichkeit, Unsicherheiten abzuschätzen. Das ist bei klassischen tiefen neuronalen Netzen nicht möglich. Das heißt, ein neuronales Netz weiß nicht, wenn es etwas nicht weiß. Es trifft mitunter falsche Vorhersagen, obwohl die ausgegebene Konfidenz sehr hoch ist. Abhilfe können hier sogenannte Bayes'sche neuronale Netze schaffen. Diese ermöglichen die Berechnung einer echten Unsicherheit in Form von Wahrscheinlichkeiten, die zum Erkennen von unvorhergesehenen oder gefährlichen Situationen eingesetzt werden kann. Im Falle einer hohen Unsicherheit könnte ein System zum Beispiel stoppen oder einen menschlichen Aufseher herbeirufen.

Aktuelle Ansätze Bayes'scher neuronaler Netze erfordern allerdings mehr Rechenleistung als vergleichbare normale neuronale Netze. Zudem gibt es häufig keine hochqualitativen frei verfügbaren Implementierungen (Maddox et al. 2019; Wang und Yeung 2016; Izmailov et al. 2019; Blundell et al. 2015; Wu et al. 2018).

Zusätzlich müssen ML-Algorithmen für viele Anwendungsfälle erklärbar sein. Fast alle modernen ML-Methoden, wie auch tiefe neuronale Netze, sind eine sogenannte Blackbox. Das heißt, dass die innere Funktionsweise und Logik der Algorithmen nach Abschluss des Trainings nicht mehr nachvollzogen werden kann. Erklärbare ML-Verfahren haben hingegen das Ziel, die Funktionsweise nachvollziehbar zu machen. Dies hat den Vorteil, dass man das Risiko eines Einsatzes besser nachvollziehen kann, dass sich die Akzeptanz bei den Mitarbeitern, die von diesen Modellen unterstützt werden, erhöht, und dass Fehler sowie eventuelle Vorurteile der ML-Methoden erkannt werden können. Dies kann zum Beispiel durch die Approximation komplexer Modelle mittels verständlicher Modelle oder durch spieltheoretische Überlegungen ermöglicht werden (Schaaf et al. 2019; Lundberg und Lee 2017).

Im Kontext von KI-Anwendungen ist die Erklärbarkeit zugleich das zentrale Konzept für die digitale Souveränität auf Ebene der Mitarbeitenden. Erklärbarkeit schafft für den Menschen die Voraussetzung, das KI-System soweit näherungsweise zu verstehen, dass er es reflektiert und zielgerichtet im Rahmen seiner Handlungen – basierend auf vorhandenem Wissen und Fähigkeiten – einsetzen kann. Weiterhin eröffnen erklärbare KI-Systeme für die Nutzenden die Chance, über das System und auch über die von System abgebildete Realität (zum Beispiel Produktionsanlagen, Werkstücke) zu lernen und somit die eigene Fähigkeits- und Wissensbasis zu erweitern.

Obwohl in den letzten Jahren viel in diesem Bereich geforscht wurde und das Interesse an erklärbaren ML-Verfahren, sogenannte erklärbare KI, in den letzten Jahren stark gestiegen ist, sind noch zahlreiche Forschungsfragen offen (siehe Abb. 3). Unter anderem gibt es noch keinen standardisierten Prozess, bei dem die

Vergleichbarkeit von Erklärungen, über spezielle Anwendungsfälle hinaus, gegeben ist. Zusätzlich beziehen Erklärungen sich meist auf einzelne Datenpunkte und nicht auf die globale Funktionsweise der Methoden (Ribeiro et al. 2016; Bach et al. 2015; Lundberg und Lee 2017; Wachter et al. 2017).

Schlussendlich ist es bei tiefen neuronalen Netzen nicht möglich, die korrekte Funktionsweise zu verifizieren. Konkret heißt dies, dass man die neuronalen Netze zwar auf sehr vielen Datenpunkten testen kann, aber es nicht möglich ist, sicherzustellen, dass sie in nicht getesteten Situationen auch funktionieren. Darüber hinaus ist es nicht möglich, eine bestimmte Erfolgsrate zu garantieren. Erste Ansätze, diese Probleme zu lösen, versuchen die korrekte Funktionsweise mathematisch zu garantieren und so zum Beispiel eine Sicherheitsgarantie zu liefern. Dies ist mit dem heutigen Stand der Technik für kleine neuronale Netze bereits möglich. Allerdings ist noch zu klären, wie genau die Anforderungen erfasst werden können und wie größere und komplexere ML-Methoden effizient überprüft werden können (Katz et al. 2017; Katz et al. 2019; Huang et al. 2017).

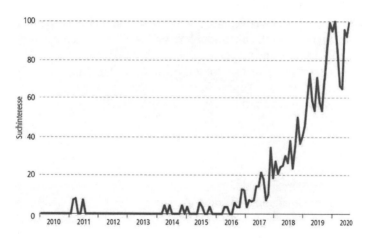

Abb. 3. Online-Suchen zum Thema erklärbare KI. Man sieht, dass das Interesse seit 2017 stark ansteigt, wohingegen es vorher kaum bis gar nicht vorhanden war (Google Trends 2020).

3   Handlungsbedarfe

Um eine hier beschriebene flexible Automatisierungslösung zu entwickeln, besteht Handlungsbedarf aller beteiligten Akteure.

Auf Seiten der Wirtschaft ist es nötig, das spezialisierte vorhandene Produktionswissen voranzubringen. Das in Europa vorhandene Produktionswissen kann ein entscheidender Faktor in der Entwicklung von hochqualitativen Simulationsumgebungen sein. Die Kombination der Produktionsstärke mit ML-Lösungen kann also die europäische Position festigen – neben der bereits angesprochenen Entwicklung von hochqualitativen Simulationsumgebungen ist auch die Entwicklung von spezialisierten ML-Lösungen für die produzierende Industrie dazu hilfreich.

Darüber hinaus ist es wichtig, die Digitalisierung weiter voranzutreiben, um mit der Zusammenstellung von Datensätzen hoher Qualität und digitalen Zwillingen die Grundlage für die Verwendung von ML-Algorithmen in den zentralen Prozessen zu schaffen.

Auf Seiten der Forschung und Entwicklung ist es essenziell, die anwendungsorientierte Forschung im RL-Bereich voranzutreiben. Es sind große Forschungsanstrengungen und -mittel notwendig, um erstmalig ein Proof of Concept der beschriebenen Lösungen zu entwickeln und diese anschließend zur Marktreife zu bringen. Ein wichtiger Fokuspunkt ist hierbei die Steigerung und die Garantie der Erfolgsrate. Das Ziel muss die flexible prozesssichere Fertigung mittels ML-Methoden sein.

Darüber hinaus müssen auf technischer Seite die Möglichkeiten geschaffen werden, zuverlässige ML-Algorithmen zu entwickeln. Dies umfasst insbesondere das Erkennen und Vermeiden von unvorhergesehenen Situationen sowie die Erklärbarkeit der verwendeten ML-Algorithmen und die Erfüllung einer formalen Sicherheitsgarantie.

Auf der Ebene der Politik muss ein regulatorischer Rahmen geschaffen werden, der die Zertifizierung und Verwendung von ML-Lösungen in sicherheitsrelevanten Situationen möglich macht. Es muss klar werden, was von Seiten der Zertifizierungsstellen verlangt wird, um eine hinreichende Sicherheit der Systeme zu demonstrieren. Dies ist eine Voraussetzung für den breiten Einsatz von ML-Lösungen, da bisher eine große Unsicherheit herrscht. Darüber hinaus ist eine Klärung der Haftungsfrage notwendig. Eine Roadmap zur Normenentwicklung ist aktuell im Entstehen (DIN 2019).

4 Ausblick

Im Rahmen der Weiterentwicklung von ML-Methoden wird es möglich sein, eine ML-gestützte Automatisierungslösung zu entwickeln, die den Anforderungen der Zuverlässigkeit – und in diesem Kontext der digitalen Souveränität -, der Sicherheit und der Flexibilität genügt. Wir glauben, dass dies mit den heutigen ML-Algorithmen bereits möglich ist. Es ist wahrscheinlich, dass in den nächsten Jahren ein Proof of Concept hin zu einer robusten Lösung in unterschiedlichen Anwendungsgebieten weiterentwickelt werden kann. In diesem Zuge werden sich forschungsnahe Start-ups bilden und kommerziell verfügbare Lösungen anbieten.

Literatur

accenture: Why artificial intelligence is the future of growth (2017). https://www.accenture.com/za-en/company-news-release-why-artificial-intelligence-future-growth. Zugegriffen: 1. Juli 2020

Alom, M.Z., Taha, T.M., Yakopcic, C., Westberg, S., Sidike, P., Nasrin, M.S., van Esesn, B.C., Awwal, A.A.S., Asari, V.K.: The History began from alexnet: a comprehensive survey on deep learning approaches (2018). https://arxiv.org/pdf/1803.01164. Zugegriffen: 1. Juli 2020

ArtiMinds Robotics: Intuitive Roboterprogrammierung mit ArtiMinds Robotics (2020). https:// www.artiminds.com/de/. Zugegriffen: 1. Juli 2020

Bach, S., Binder, A., Montavon, G., Klauschen, F., Müller, K.-R., Samek, W.: On pixel-wise explanations for non-linear classifier decisions by layer-wise relevance propagation. PLOS One **10** (7), e0130140 (2015). https://doi.org/10.1371/journal.pone.0130140. Zugegriffen: 1. Juli. 2020

Bauernhansl, T.: Mass Personalization – der nächste Schritt. wt-online (2017)

Billard, A., Calinon, S., Dillmann, R., Schaal, S.: Robot programming by demonstration. In: Siciliano, B., Khatib, O. (Hrsg.). Springer Handbook of Robotics, S. 1371–1394. Springer & Science+Business Media, Berlin (2008)

Blundell, C., Cornebise, J., Kavukcuoglu, K., Wierstra, D.: Weight uncertainty in neural networks (2015). https://arxiv.org/pdf/1505.05424. Zugegriffen: 1. Juli 2020

Chebotar, Y., Handa, A., Makoviychuk, V., Macklin, M., Issac, J., Ratliff, N., Fox, D.: Closing the sim-to-real loop: adapting simulation randomization with real world experience. In: 2019 International Conference on Robotics and Automation (ICRA). IEEE, Piscataway (2019)

covariant.ai: AI robotics for the real world (2020). https://covariant.ai/. Zugegriffen: 1. Juli 2020

DIN: Künstliche Intelligenz I Ohne Normen und Standards geht es nicht. DIN Deutsches Institut für Normung e. V. (2019). https://www.din.de/de/forschung-und-innovation/themen/ kuenstliche-intelligenz/normungsroadmap-ki. Zugegriffen: 7. Juli 2020

drag&bot: Industrieroboter wie ein Smartphone bedienen (2020). https://www.dragandbot.com/ de/. Zugegriffen: 1. Juli 2020

Duan, Y., Schulman, J., Chen, X., Bartlett, P.L., Sutskever, I., Abbeel, P.: RL^2: fast reinforcement learning via slow reinforcement learning (2016). https://arxiv.org/ pdf/1611.02779. Zugegriffen: 1. Juli 2020

Finn, C., Abbeel, P., Levine, S. Model-agnostic meta-learning for fast adaptation of deep networks (2017). https://arxiv.org/pdf/1703.03400. Zugegriffen: 1. Juli 2020

Florensa, C., Duan, Y., Abbeel, P.: Stochastic neural networks for hierarchical reinforcement learning (2017)

Goodfellow, I., Bengio, Y., Courville, A.: Deep Learning. MIT Press (2016)

Google Trends: Google trends (2020). https://trends.google.de/trends/ explore?date=2010-01-01%202020-07-01&q=explainable%20ai,interpretable%20 machine%20learning,explainable%20artificial%20intelligence. Zugegriffen: 1. Juli 2020

Ha, D., Schmidhuber, J.: World models. https://doi.org/10.5281/zenodo.1207631 (2018). Zugegriffen: 1. Juli 2020

Hausman, K., Springenberg, J.T., Wang, Z., Heess, N., Riedmiller, M. Learning an embedding space for transferable robot skills. In: International Conference on Learning Representations (2018)

Hessel, M., Modayil, J., van Hasselt, H., Schaul, T., Ostrovski, G., Dabney, W., Horgan, D., Piot, B., Azar, M., Silver, D.: Rainbow: combining improvements in deep reinforcement learning (2017). https://arxiv.org/pdf/1710.02298. Zugegriffen: 1. Juli 2020

Huang, X., Kwiatkowska, M., Wang, S., Wu, M.: Safety verification of deep neural networks. In: International conference on computer aided verification, 3–29. Springer, Cham (2017)

Irpan, A.: Deep reinforcement learning doesn't work yet (2020). https://www.alexirpan. com/2018/02/14/rl-hard.html. Zugegriffen: 1. Juli 2020

Izmailov, P., Maddox, W.J., Kirichenko, P., Garipov, T., Vetrov, D., Wilson, A.G.: Subspace inference for Bayesian deep learning (2019). https://arxiv.org/pdf/1907.07504. Zugegriffen: 1. Juli 2020

Johnson, J., Karpathy, A., Fei-Fei, L.: DenseCap: fully convolutional localization networks for dense captioning. In: 29th IEEE Conference on Computer Vision and Pattern Recognition. CVPR 2016: Proceedings : 26 June–1 July 2016, Las Vegas, Nevada. IEE, Piscataway (2016)

Katz, G., Barrett, C., Dill, D., Julian, K., Kochenderfer, M.: Reluplex: An efficient SMT solver for verifying deep neural networks. In: International Conference on Computer Aided Verification, S. 97–117. Springer, Cham (2017)

Katz, G., Huang, D.A., Ibeling, D., Julian, K., Lazarus, C., Lim, R., Shah, P., Thakoor, S., Wu, H., Zeljić, A., Dill, D.L., Kochenderfer, M.J., Barrett, C.: The Marabou framework for verification and analysis of deep neural networks. In: Dillig, I., Tasiran, S. (Hrsg.). Computer Aided Verification. 31st International Conference, CAV 2019, New York, July 15–18, 2019, Proceedings, Part I, Cham, 2019, S. 443–452. Cham, Springer International Publishing (2019)

Kober, J., Bagnell, J.A., Peters, J.: Reinforcement learning in robotics: a survey. Int. J. Robot. Res. **32**(11), 1238–1274 (2013). https://doi.org/10.1177/0278364913495721. Zugegriffen: 1. Juli 2020

Krizhevsky, A., Sutskever, I., Hinton, G.E.: ImageNet classification with deep convolutional neural networks. In: Advances in Neural Information Processing Systems, S. 1097–1105 (2012)

LeCun, Y., Bengio, Y., Hinton, G.: Deep learning. Nature **521**(7553), 436–444 (2015). https://doi.org/10.1038/nature14539. Zugegriffen: 1. Juli 2020

Lundberg, S., Lee, S.-I.: A unified approach to interpreting model predictions. In: Advances in Neural Information Processing Systems, S. 4765–4774 (2017)

Luo, J., Solowjow, E., Wen, C., Ojea, J.A., Agogino, A.M.: Deep reinforcement learning for robotic assembly of mixed deformable and rigid objects. In: Towards a robotic society. 2018 IEEE/RSJ International Conference on Intelligent Robots and Systems: October, 1–5, 2018, Madrid, Spain, Madrid Municipal Conference Centre, 2018 IEEE/RSJ International Conference on Intelligent Robots and Systems (IROS), Madrid, 10/1/2018–10/5/2018, Piscataway, NJ, IEEE, S. 2062–2069 (2018)

Maddox, W.J., Izmailov, P., Garipov, T., Vetrov, D.P., Wilson, A.G.: A simple baseline for Bayesian uncertainty in deep learning. In: Advances in Neural Information Processing Systems, S. 13153–13164 (2019)

Mahmood, A.R., Korenkevych, D., Vasan, G., Ma, W., Bergstra, J.: Benchmarking reinforcement learning algorithms on real-world robots (2018). https://arxiv.org/pdf/1809.07731. Zugegriffen: 1. Juli 2020

McAllister, R., Gal, Y., Kendall, A., van der Wilk, M., Shah, A., Cipolla, R., Weller, A.: Concrete problems for autonomous vehicle safety: advantages of Bayesian deep learning, S. 1045–0823 (2017). https://doi.org/10.17863/CAM.12760. Zugegriffen: 1. Juli 2020

Nachum, O., Gu, S., Lee, H., Levine, S.: Data-efficient hierarchical reinforcement learning (2018). https://arxiv.org/pdf/1805.08296. Zugegriffen: 1. Juli 2020

Peng, X.B., Andrychowicz, M., Zaremba, W., Abbeel, P.: Sim-to-real transfer of robotic control with dynamics randomization. In: Lynch, K. (Hrsg.). 2018 IEEE International Conference on Robotics and Automation (ICRA). 21–25 May 2018. IEEE, Piscataway (2018)

Piller, F.T.: Mass Customization. Ein wettbewerbsstrategisches Konzept im Informationszeitalter. Zugl.: Würzburg, Univ., Diss., 1999 u. d. T.: Kundenindividuelle Massenproduktion (mass customization) als wettbewerbsstrategisches Modell industrieller Wertschöpfung in der Informationsgesellschaft. 4. Aufl. Wiesbaden, Dt. Univ.-Verl. (2008)

Polydoros, A.S., Nalpantidis, L.: Survey of Model-Based Reinforcement Learning: Applications on Robotics. Journal of Intelligent & Robotic Systems 86 (2), 153–173 (2017). https://doi.org/10.1007/s10846-017-0468-y. Zugegriffen: 1. Juli 2020

Ribeiro, M., Singh, S., Guestrin, C.: "Why should i trust you?": Explaining the predictions of any classifier. In: Proceedings of the 2016 Conference of the North American Chapter of the Association for Computational Linguistics: Demonstrations, Stroudsburg, PA, USA. Association for Computational Linguistics, , Stroudsburg, PA, USA (2016)

Schaaf, N., Huber, M., Maucher, J.: Enhancing decision tree based interpretation of deep neural networks through L1-orthogonal regularization. In: Wani, M.A. (Hrsg.). ICMLA 2019. 18th IEEE International Conference on Machine Learning and Applications: Proceedings: 16–19 December 2019, Boca Raton, Florida, USA, Conference Publishing Services, IEEE Computer Society, Los Alamitos (2019)

Schoettler, G., Nair, A., Luo, J., Bahl, S., Ojea, J.A., Solowjow, E., Levine, S.: Deep reinforcement learning for industrial insertion tasks with visual inputs and natural reward signals (2019)

Schulman, J., Levine, S., Moritz, P., Jordan, M.I., Abbeel, P.: Trust Region Policy Optimization (2015). https://arxiv.org/pdf/1502.05477. Zugegriffen: 1. Juli 2020

Silver, D., Schrittwieser, J., Simonyan, K., Antonoglou, I., Huang, A., Guez, A., Hubert, T., Baker, L., Lai, M., Bolton, A., Chen, Y., Lillicrap, T., Hui, F., Sifre, L., van den Driessche, G., Graepel, T., Hassabis, D.: Mastering the game of go without human knowledge. Nature 550(7676), 354–359 (2017). https://doi.org/10.1038/nature24270. Zugegriffen: 1. Juli 2020

Spinnarke, S.: So wird Künstliche Intelligenz in der Produktion eingesetzt (2017). https://www.produktion.de/trends-innovationen/so-wird-kuenstliche-intelligenz-in-der-produktion-eingesetzt-104.html. Zugegriffen: 1. Juli 2020

Sutton, R.S., Barto, A.: Reinforcement Learning. An Introduction. MIT Press, Cambridge (2018)

Tan, C., Sun, F., Kong, T., Zhang, W., Yang, C., Liu, C.: A survey on deep transfer learning. In: Kůrková, V., Manolopoulos, Y., Hammer, B. et al. (Hrsg.). In: Artificial Neural Networks and Machine Learning – ICANN 2018. 27th International Conference on Artificial Neural Networks, Rhodes, Greece, October 4–7, 2018, Proceedings, Part III, Cham, 2018, S. 270–279. Springer International Publishing, Cham (2018)

Tempel, P., Eger, F., Lechler, A. et al.: Schaltschrankbau 4.0: Eine Studie über die Automatisierungs- und Digitalisierungspotenziale in der Fertigung von Schaltschränken und Schaltanlagen im klassischen Maschinen- und Anlagenbau (2017)

Tobin, J., Fong, R., Ray, A., Schneider, J., Zaremba, W., Abbeel, P.: Domain randomization for transferring deep neural networks from simulation to the real world. In: IROS Vancouver 2017. IEEE/RSJ International Conference on Intelligent Robots and Systems, Vancouver, BC, Canada September 24–28, 2018, S. 2062–2069. IEEE, Piscataway

Vezhnevets, A.S., Osindero, S., Schaul, T., Heess, N., Jaderberg, M., Silver, D., Kavukcuoglu, K.: FeUdal networks for hierarchical reinforcement learning (2017). https://arxiv.org/pdf/1703.01161

Wachter, S., Mittelstadt, B., Russell, C.: Counterfactual explanations without opening the black box: automated decisions and the GDPR. SSRN Electron. J. (2017). https://doi.org/10.2139/ssrn.3063289. Zugegriffen: 1. Juli 2020

Wang, H., Yeung, D.-Y.: Towards Bayesian deep learning: a survey (2016). http://arxiv.org/pdf/1604.01662v2. Zugegriffen: 1. Juli 2020

Waschneck, B., Reichstaller, A., Belzner, L., Altenmüller, T., Bauernhansl, T., Knapp, A., Kyek, A.: Optimization of global production scheduling with deep reinforcement learning. Procedia CIRP 72, 1264–1269 (2018). https://doi.org/10.1016/j.procir.2018.03.212. Zugegriffen: 1. Juli 2020

Westkämper, E. (Hrsg.): Towards the Re-Industrialization of Europe. A Concept for Manufacturing for 2030. Springer, Berlin (2014)

Wu, A., Nowozin, S., Meeds, E., Turner, R.E., Hernández-Lobato, J.M., Gaunt, A.L.: Deterministic variational inference for robust Bayesian neural networks (2018)

Xanthopoulos, A.S., Kiatipis, A., Koulouriotis, D.E., Stieger, S.: Reinforcement learning-based and parametric production-maintenance control policies for a deteriorating manufacturing system. IEEE Access **6**, 576–588 (2018). https://doi.org/10.1109/ACCESS.2017.2771827. Zugegriffen: 1. Juli 2020

Zeng, A., Song, S., Lee, J., Rodriquez, A., Funkouser, A.T.: TossingBot: Learning to throw arbitrary objects with residual physics. In: Robotics: Science and Systems XV. Robotics: Science and Systems Foundation (2019)

Forschungsfelder für Künstliche Intelligenz in der strategischen Produktplanung

Patrick Ködding[1(✉)] und Roman Dumitrescu[1,2]

[1] Heinz Nixdorf Institut, Universität Paderborn, 33102 Paderborn, Deutschland
`{Patrick.Koedding,Roman.Dumitrescu}@hni.upb.de`
[2] Fraunhofer Institut für Entwurfstechnik Mechatronik,
33102 Paderborn, Deutschland

Zusammenfassung. Der Megatrend Digitalisierung durchdringt alle Bereiche des täglichen Lebens von Unternehmen und Individuen. Insbesondere das produzierende Gewerbe befindet sich in einem tiefgreifenden Wandel. Die Digitalisierung löst als Schlüsseltreiber der Innovationen des 21. Jahrhunderts grundlegende Veränderungen in der Produktentstehung aus. Auf der einen Seite bieten sich zahlreiche Erfolg versprechende Möglichkeiten durch den Einsatz neuer Technologien, eingebetteter Systeme und neuer Ansätze in der Datenverarbeitung. Auf der anderen Seite steigt dadurch aber auch die Komplexität der intelligenten, technischen Systeme. Immer kürzer werdende Entwicklungszyklen, immer größere Datenmengen sowie die steigende Komplexität der neuen Marktleistungen stellen Unternehmen vor große Herausforderungen. Die Entwicklung, Implementierung und Nutzung von Anwendungen der künstlichen Intelligenz (KI) eröffnet Unternehmen die Möglichkeit, nicht nur diese Herausforderungen zu meistern, sondern auch vielfältige Nutzenpotenziale in der Produktentstehung zu erschließen. Dies ist Gegenstand des vorliegenden Beitrags. Zunächst wird daher das Spannungsfeld aus KI und Produktentstehung analysiert. Überdies werden die mit der Einführung, Entwicklung und Nutzung von KI-Anwendungen verbundenen Potenziale und Herausforderungen gezeigt. Abschließend werden auf dieser Basis Forschungsfelder für KI in der strategischen Produktplanung abgeleitet. Aspekte der digitalen Souveränität und verwandte Themen – wie Erklärbarkeit der KI-Anwendungen und Verfügbarkeit interner Kompetenzen – spielen eine zentrale Rolle, wenn es darum geht, Potenziale der KI für die strategische Produktplanung zu nutzen.

Schlüsselwörter: Künstliche Intelligenz · Strategische Produktplanung · Digitalisierung · Soziotechnische Betrachtung · Digitale Souveränität · Forschungsfelder

1 Einführung

Der Produktentstehungsprozess ist die treibende Kraft hinter Produktinnovationen. Er umfasst alle Aufgaben von der ersten Idee bis hin zur fertigen Marktleistung (Gausemeier et al. 2019). Bei der Entwicklung neuer Marktleistungen werden hier bereits bis zu 85 % der späteren Herstellungskosten festgelegt (Coenenberg 2003). Durch die voranschreitende Digitalisierung nimmt die Bedeutung der Produktentstehung

E. A. Hartmann (Hrsg.): *Digitalisierung souverän gestalten*, S. 59–73, 2021.
https://doi.org/10.1007/978-3-662-62377-0_5

weiter zu. Die Digitalisierung durchdringt alle Lebensbereiche und löst tiefgreifende Veränderungen in der Produktentstehung aus (Noll et al. 2016). Im Rahmen der Digitalisierung stehen intelligente technische Systeme im Mittelpunkt der Betrachtung. Hierbei handelt es sich um mechatronische Systeme, die über eine inhärente Teilintelligenz verfügen. Sie besitzen zudem die Fähigkeit, über das Internet mit anderen Systemen zu kommunizieren und zu kooperieren (Dumitrescu und Gausemeier 2018; Kühn 2017). Darüber hinaus gewinnen auch digitale, datenbasierte Services immer mehr an Bedeutung. Sie stellen Dienstleistungen dar, die mit Hilfe von Informations- und Kommunikationstechnologien oftmals über das Internet erbracht werden und eng auf eine Sachleistung abgestimmt sind (Echterfeld et al. 2017; Reichwald und Meier 2002). Gleichzeitig setzt die voranschreitende Digitalisierung Unternehmen unter immer größeren Zeitdruck. Neue, komplexe Marktleistungen in Form von intelligenten technischen Systemen und digitalen Services sowie technologische Neuerungen müssen in immer kürzeren Entwicklungszyklen realisiert werden (Winter 2017; Gausemeier et al. 2013). Folglich steigen die Anforderungen an die Produktentstehung und damit auch an die strategische Produktplanung.

Ein Lösungsansatz sind Anwendungen, die auf Verfahren künstlicher Intelligenz (KI) beruhen. Sie sind dabei, branchenübergreifende Veränderungen herbeizuführen (Buxmann und Schmidt 2019; Wahlmüller-Schiller 2017; acatech 2016). Für Deutschland wird das KI-induzierte zusätzliche Wachstum für die Wirtschaft auf 1,3 bis 2 % geschätzt (McKinsey Global Institute 2018; Purdy und Daugherty 2016). Weltweit wird das Wachstum für KI im produzierenden Gewerbe auf knapp 50 % jährlich bis zu einem Marktvolumen von 17 Mrd. US$ im Jahr 2025 geschätzt (MarketsandMarkets 2018). Speziell für das produzierende Gewerbe in Deutschland lässt sich bis 2023 eine zusätzliche Bruttowertschöpfung von 2,3 % jährlich – oder kumuliert 32 Mrd. € – erwarten (Seifert et al. 2018). Der Einsatz von KI verspricht vielfältige Potenziale für die Produktentstehung und kann als zentraler Treiber für die Digitalisierung aufgefasst werden (Bitkom 2018; Hecker et al. 2017). In diesem Beitrag werden die sich daraus ergebenden Forschungsfelder für KI in der Produktentstehung im Allgemeinen und der strategischen Produktplanung im Speziellen hergeleitet und beschrieben.

2   Das Spannungsfeld aus KI und Produktentstehung

Die Planung und Entwicklung von intelligenten technischen Systemen und Dienstleistungen basiert auf dem Zusammenspiel verschiedener Fachdisziplinen wie der Mechanik, Elektronik und Informationstechnik (Gausemeier et al. 2019). Der Produktentstehungsprozess dieser immer komplexer werdenden Marktleistungen beinhaltet alle Prozessschritte von der Geschäftsidee bis hin zum Serienanlauf (Gausemeier et al. 2019; Feldhusen und Grote 2013). Die strategische Produktplanung ist integraler Bestandteil der Produktentstehung. Insgesamt umfasst die Produktentstehung vier Hauptaufgabenbereiche: Strategische Produktplanung, Produkt-, Dienstleistungs- und Produktionssystementwicklung. Diese Hauptaufgabenbereiche dürfen dabei nicht als stringente Abfolge von Phasen und Meilensteinen verstanden werden. Vielmehr handelt es sich um ein Wechselspiel unterschiedlicher

Aufgaben (Gausemeier et al. 2019; Gausemeier et al. 2014). Das Referenzmodell der strategischen Planung und integrativen Entwicklung von Marktleistungen, auch 4-Zyklen-Modell der Produktentstehung genannt, strukturiert das integrative und iterative Zusammenwirken der Aufgaben in vier Zyklen (siehe Abb. 1) (Gausemeier et al. 2019; Gausemeier et al. 2014):

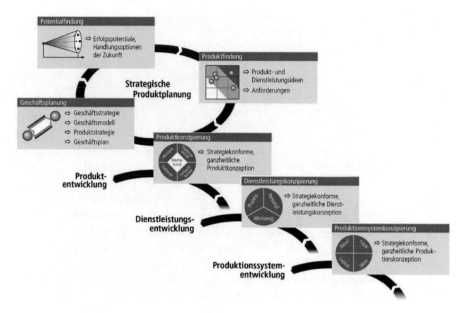

Abb. 1. Referenzmodell der strategischen Planung und integrativen Entwicklung von Marktleistungen nach (Gausemeier et al. 2019; Gausemeier et al. 2014)

Erster Zyklus: Strategische Produktplanung
Der erste Zyklus dient zur Erarbeitung eines erfolgversprechenden Entwicklungsauftrags. Er umfasst die Phasen Potenzial- und Produktfindung sowie Geschäftsplanung. Im Zuge der Potenzialfindung gilt es, künftige Erfolgspotenziale und darauf aufbauende Handlungsoptionen zu identifizieren. Auf dieser Grundlage werden in der Produktfindung Produkt- und Dienstleistungsideen generiert. Die Geschäftsplanung setzt sich mit der Erstellung einer Geschäftsstrategie und der Ausarbeitung eines Geschäftsmodells und einer Produktstrategie auseinander. Letztere wiederum mündet schließlich in einen Geschäftsplan. Dieser erbringt den Nachweis, ob ein attraktiver Return on Invest (ROI) zu erzielen ist (Gausemeier et al. 2019; Gausemeier et al. 2014; Gausemeier und Plass 2014).

Zweiter Zyklus: Produktentwicklung
Produktkonzipierung, Entwurf, Ausarbeitung und Produktintegration bilden die Aufgabenbereiche der Produktentwicklung. Schnittstelle zwischen den ersten beiden Zyklen ist die Produktkonzipierung. Ihr Ziel besteht in der Prinziplösung für das beabsichtigte Produkt. Diese enthält unter anderem einen Anforderungskatalog, eine Funktionshierarchie und ein Gestaltmodell. Die Prinziplösung ist der Ausgangspunkt für den domänenspezifischen Entwurf sowie die Ausarbeitung und Integration

der Ergebnisse aus den Fachdisziplinen Mechanik, Elektronik, Regelungstechnik und Softwaretechnik zu einer verifizierten Gesamtlösung (Gausemeier et al. 2019; Gausemeier et al. 2014).

Dritter Zyklus: Dienstleistungsentwicklung
Ziel der Dienstleistungsentwicklung ist die Umsetzung einer Dienstleistungsidee in eine Marktleistung (Bullinger et al. 2006). Auch hierbei handelt es sich um keine stringente Abfolge von Phasen und Meilensteinen, sondern um ein Wechselspiel der Aufgaben Dienstleistungskonzipierung, -planung und -integration. Die Dienstleistungskonzipierung umfasst die Aspekte Prozess, Personal und Werkzeug und wird in der Dienstleistungsplanung weiter konkretisiert, bevor die erzielten Ergebnisse dann in der Dienstleistungsintegration vereinigt werden (Gausemeier et al. 2019; Gausemeier et al. 2016; Gausemeier et al. 2014).

Vierter Zyklus: Produktionssystementwicklung
Ausgangspunkt des vierten Zyklus ist die Konzipierung des Produktionssystems, welche im Zusammenspiel mit der Produktkonzipierung erarbeitet wird. In der Produktionssystementwicklung werden die Fachgebiete Arbeitsmittel-, Arbeitsablauf- und Arbeitsstättenplanung sowie Produktionslogistik bearbeitet. Analog zur Produktentwicklung erfolgt die abschließende Integration zu einem verifizierten Produktionssystem (Gausemeier et al. 2019; Gausemeier et al. 2016).

Produkt-, Dienstleistungs- und Produktionssystementwicklung sind eng aufeinander abgestimmt voranzutreiben. Nur so lässt sich sicherstellen, dass alle Möglichkeiten der Gestaltung einer leistungsfähigen, kostengünstigen und innovativen Marktleistung ausgeschöpft werden (Gausemeier et al. 2019; Gausemeier et al. 2014).

KI-Verfahren bieten die Möglichkeit, mit der steigenden Komplexität der immer softwarelastigeren Marktleistungen und den resultierenden immensen Datenmengen im Produktentstehungsprozess effizient umzugehen (Hecker et al. 2017). Insbesondere für wissensintensive Tätigkeiten wie in der Produktentstehung bietet KI große Nutzenpotenziale (siehe Abb. 2). So können KI-Anwendungen signifikant Entwicklungszeiten reduzieren, Entwicklungskapazitäten erhöhen, Entwicklungsrisiken vermindern und Herstellungskosten senken (Dumitrescu et al. 2020a; Geissbauer et al. 2019; McKinsey & Company 2017).

Abb. 2. Allgemeine Nutzenpotenziale von KI in der Produktentstehung in Anlehnung an (Dumitrescu et al. 2020b; Geissbauer et al. 2019; McKinsey & Company 2017)

Mit Hilfe von KI-Anwendungen lassen sich Daten verarbeiten und automatisch Schlussfolgerungen ableiten (Satzger et al. 2019). Dabei können Daten entlang des gesamten Lebenszyklus von Marktleistungen gesammelt und analysiert werden, um Wissen für den Produktentstehungsprozess zu generieren (Bretz et al. 2018). Es existieren bereits einige KI-Anwendungen, die die spezifischen Bedarfe der Produktentstehung adressieren. Beispielsweise verwenden Unternehmen aus der Luft- und Raumfahrtindustrie KI-Algorithmen für Generative Design, um Flugzeugteile mit völlig neuen Designs zu entwickeln. Die entsprechenden KI-Algorithmen untersuchen alle möglichen Designlösungen unter Berücksichtigung vorab definierter Ziele und Randbedingungen. Durch iteratives Testen und Lernen werden Designs optimiert und Lösungen vorgeschlagen, die dem menschlichen Verstand unkonventionell erscheinen können (Küpper et al. 2018). Weiterhin wird in der Anforderungsanalyse – Verarbeitung und Analyse natürlicher Sprache eingesetzt, um textuelle Anforderungen zu analysieren und ihre Qualität zu evaluieren (Liu 2018). Aber auch in der strategischen Produktplanung selbst kommen verschiedene KI-Anwendungen zum Einsatz. KI-Anwendungen können Prognosemodelle erstellen, abstimmen und bereitstellen, um z. B. Vorhersagen für die Verbrauchernachfrage zu ermitteln (Anodot 2020). Darüber hinaus können mit Hilfe von Text Mining-Ansätzen große Datenmengen aus wissenschaftlichen Publikationen, Internetquellen, Patenten etc. analysiert und auf ihre Relevanz hin überprüft werden (Minghui et al. 2018). Auf diese Weise lässt sich z. B. Wissen für die Technologiefrühaufklärung oder auch für Trendanalysen generieren (Fraunhofer INT 2020).

Die skizzierten Einsatzmöglichkeiten verdeutlichen das große Nutzenpotenzial von KI-Anwendungen für die Produktentstehung im Allgemeinen sowie die strategische Produktplanung im Speziellen. Bei der Einführung von KI-Anwendungen benötigen viele Unternehmen jedoch Unterstützung. Denn obwohl Deutschland im Bereich der KI-Forschung überdurchschnittlich gut aufgestellt ist, gestaltet sich die Überführung der Forschungsergebnisse in die Industrie schwierig (Seifert et al. 2018). Insbesondere können Unternehmen oft nicht einschätzen, welche Möglichkeiten mit der Nutzung von KI-Anwendungen einhergehen (Dukino et al. 2020). Für einen erfolgreichen Transfer der Ergebnisse aus der Forschung in die Industrie sind daher eine tiefergehende, multiperspektivische Betrachtung der dezidierten Potenziale und Herausforderungen im Kontext der strategischen Produktplanung (siehe Kap. 3) sowie die Ermittlung anwendungsnaher bzw. -integrierter Forschungsfelder unausweichlich (siehe Kap. 4).

3   Herausforderungen für Unternehmen

KI-Anwendungen bieten Unternehmen mannigfaltige Nutzenpotenziale (siehe Kap. 2), stellen sie aber gleichzeitig auch vor gänzlich neue Herausforderungen. Diese Potenziale und Herausforderungen lassen sich zeitlich entlang der unternehmerischen Planungsebenen *(strategisch, taktisch, operativ)* sowie inhaltlich anhand von soziotechnischen Handlungsfeldern *(Mensch, Technik, Organisation, Business)* strukturieren (Frank et al. 2018).

Auf *strategischer* Ebene werden die unternehmerische Vision und die Strategien zu deren Umsetzung definiert. Ziel ist eine langfristig vorteilhafte Wettbewerbsposition für das Unternehmen. Auf *taktischer* Ebene werden mittelfristige Entscheidungen getroffen, die sich an den in der Strategie definierten Leitlinien ausrichten sollten. Diese betreffen unter anderem das Wertschöpfungssystem und Geschäftsmodelle. Entscheidungen mit kurzfristigen Erfolgswirkungen werden auf *operativer* Ebene getroffen. Die operativen Tätigkeiten ergeben sich unmittelbar aus den taktischen Vorgaben und dem Tagesgeschäft (Porter 1996; Adam 1996).

Die Einführung und Nutzung von KI-Anwendungen wirken sich auf verschiedene Ebenen eines Unternehmens aus. Für eine holistische soziotechnische Analyse der Herausforderungen und Potenziale für Unternehmen gilt es, die klassischen Handlungsfelder Mensch, Technik und Organisation um das Handlungsfeld Business zu ergänzen (Frank et al. 2018; Ulich 2011).

Das Handlungsfeld *Mensch* umfasst alle Aspekte, die die Gestaltung der Arbeit im Kontext von KI-Anwendungen betreffen. Hierzu gehören insbesondere die benötigten Arbeitsinhalte und Kompetenzen (Frank et al. 2018). KI-Technologien bzw. die *Technik* liefern die Basis für KI-Anwendungen. Diese Technologien befähigen KI-Anwendungen dazu, ihre Umgebung wahrzunehmen und zu verstehen, Informationen zu verarbeiten, eigenständig Entscheidungen zu treffen, entsprechend zu handeln sowie kontinuierlich aus deren Folgen zu lernen und mit Menschen und anderen Systemen zu interagieren (Russell und Norvig 1995). Die inner- und zwischenbetrieblichen Prozesse sowie Wertschöpfungsschritte, die für die Einführung, Nutzung aber auch die Entwicklung von KI-Anwendungen vonnöten sind, zählen zur *Organisation*. Die ergänzenden wirtschaftlichen Aspekte wie zum Beispiel neuartige Geschäftsmodelle werden unter dem Handlungsfeld *Business* subsumiert (Frank et al. 2018).

Mithilfe einer explorativen Freitextsuche in Google Scholar sowie in Google wurden zahlreiche wissenschaftliche Publikationen und Studien in Bezug auf den Einsatz von KI in Unternehmen, KI in der Produktentstehung bzw. der strategischen Produktplanung sowie zu den Herausforderungen und Potenzialen für Unternehmen im Kontext von KI-Anwendungen identifiziert. Durch Prüfung auf Titel- und Abstract-Ebene konnten zehn Publikationen und Studien für eine detaillierte Betrachtung extrahiert werden. Im Zuge dieser Analyse wurden diese Quellen auf Herausforderungen und Potenziale vor dem Hintergrund der beiden Dimensionen bzw. der soziotechnischen Handlungsfelder und Planungsebenen analysiert. Abb. 3 zeigt eine Sammlung von Herausforderungen und Potenzialen für Unternehmen bei der Einführung und Nutzung von KI-Anwendungen. Diese aufgeführten Beispiele wurden in den wissenschaftlichen Publikationen häufig genannt bzw. ihnen wurde in den untersuchten Studien eine hohe Relevanz für Unternehmen beigemessen. Als besonders erfolgskritisch für Unternehmen haben sich dabei folgende vier Herausforderungen herausgestellt: Die Robustheit und Erklärbarkeit von KI-Anwendungen, die digitale Souveränität sowie die erforderlichen Kompetenzen.

Mensch	Technik	Organisation	Business
Strategisch ⚡ Gefährdung von Arbeitsplätzen ⚡ Ethischer Umgang mit KI-Anwendungen	⊕ Digitale Souveränität ⚡ Erklärbarkeit von KI-Anwendungen	⚡ Gestaltung der Aufbau- und Ablauforganisation ⚡ Verkürzung von Bearbeitungs- und Durchlaufzeiten	⚡ Differenzierung gegenüber Wettbewerbern ⚡ Integration in Digitalisierungsstrategie
Taktisch ⊕ Fokussierung auf Kerntätigkeiten ⚡ Gestaltung der Mensch-Technik-Interaktion	⚡ Robustheit und Effizienz der KI-Algorithmen ⚡ Datenschutz und Datensicherheit	⊕ Verbesserte Entscheidungsqualität ⚡ Hohe Kosten bei Einführung	⊕ Neue Möglichkeiten für Geschäftsmodelle ⚡ Marktmacht von KI-Anbietern
Operativ ⚡ Fehlende Kompetenzen und Fachkräfte ⚡ Mitarbeiterakzeptanz	⊕ Effizienzsteigerungen, Prozess- und Qualitätsoptimierung ⚡ Datenqualität der Trainingsdaten	⚡ Integration von KI-Anwendungen in bestehende Strukturen ⚡ Mangel an klar definierten Prozessen	⊕ Besseres Kundenverständnis durch Nutzung von KI-Anwendungen ⚡ Unklarheit über Anwendung und Nutzen von KI-Anwendungen

⊕ Potenzial   ⚡ Herausforderung

Abb. 3. Herausforderungen und Potenziale von KI-Anwendungen nach Planungsebene und Handlungsfeld

Robustheit

Die Robustheit von KI-Algorithmen lässt sich hinsichtlich dreier Aspekte spezifizieren. Erstens dürfen KI-Anwendungen keine Verzerrungen aufweisen. Diese können durch eine fehlende Datenqualität oder eine zu geringe respektive unausgewogene Datenbasis hervorgerufen werden. Hat ein Unternehmen beispielsweise bislang verstärkt Ingenieurinnen und Ingenieure für die strategische Planung und Entwicklung von Marktleistungen eingesetzt, wird die KI-Anwendung diese Berufsgruppe auch weiterhin empfehlen. Der Grund dafür sind unausgewogene Trainingsdaten und damit verbunden fehlende Erfahrungswerte für weitere Berufsgruppen. Zweitens müssen sich KI-Anwendungen robust gegenüber Eingriffen von außen erweisen. Dies gilt insbesondere auch für externe Einflüsse, die im regulären Betrieb auf die Lernkomponente einer KI-Anwendung einwirken. Ein Beispiel für die fehlende Robustheit ist der Kommunikationsbot Tay von Microsoft, der nach wenigen Stunden aufgrund von erlerntem rassistischen Verhalten bereits wieder abgeschaltet worden ist. Drittens müssen KI-Anwendungen zuverlässige Ergebnisse der Datenanalyse für Ausreißer und in unerwarteten Situationen liefern. Für autonome Fahrzeuge ist es beispielsweise unabdingbar, partiell verdeckte Objekte einwandfrei klassifizieren und entsprechende Entscheidungen ableiten zu können (Satzger et al. 2019; Lundborg und Märkel 2019; Seifert et al. 2018; Bitkom 2018; Sickert 2016).

Erklärbarkeit

Die Verständlichkeit und Nachvollziehbarkeit der von KI-Anwendungen bereit-gestellten Unterstützung bzw. der getroffenen Entscheidungen stellen wichtige Kriterien für die Akzeptanz von und das Vertrauen für diese Lösungen dar. Es reicht hierbei nicht aus, wenn das Ergebnis begründet werden kann. Vielmehr müssen auch das Zustandekommen sowie die hierfür erforderlichen Schlussfolgerungen trans-parent erläutert werden. Eine Möglichkeit zur Erhöhung der Transparenz kann durch die Bereitstellung von kontextspezifischen Informationen oder die Verwendung von interpretierbaren Algorithmen geleistet werden. Allerdings sind leistungs-fähige Algorithmen häufig aufgrund ihrer Komplexität nur unzureichend erklärbar. Es resultiert ein Konflikt zwischen der Qualität der Ergebnisse und der Erklärbar-keit der Algorithmen. Weiterhin müssen nicht nur einzelne Ergebnisse, sondern auch die Entwicklung und Adaption von KI-Anwendungen kontrollierbar sein. Hierfür gilt es, die zugrunde liegenden Daten und genutzten Verfahren zur Entwicklung von KI-Anwendungen sowie jegliche Änderungen im Zeitverlauf lückenlos zu dokumentieren (Satzger et al. 2019; Lundborg und Märkel 2019; Bitkom 2018). Weitere Aspekte der Erklärbarkeit und insbesondere auch Hinweise auf Methoden für ihre Herstellung finden sich im Beitrag von Florian Eiling und Marco Huber (in diesem Band).

Digitale Souveränität

Die Erklärbarkeit der KI-Anwendungen ist bereits eine wesentliche Voraussetzung für die digitale Souveränität, hinsichtlich der Individuen wie auch hinsichtlich der Unternehmen. Weiterhin müssen die Nutzung, der Zugang und die Verwertung von Daten eindeutig geregelt sein, um einen souveränen Umgang mit den Daten für KI-Anwendungen für Beschäftigte, Gruppen und Unternehmen gewährleisten zu können. Alle Akteure müssen eigenständig darüber entscheiden und transparent ein-sehen können, welche Daten für welche Zwecke freigegeben sind und verwendet werden. Diese Anforderung gewinnt durch die exponentiell ansteigenden, ver-fügbaren und auswertbaren Datenmengen immer mehr an Bedeutung (Satzger et al. 2019; Seifert et al. 2018; Hecker et al. 2017). Übergreifend lässt sich digitale Souveränität als die Möglichkeit und Fähigkeit auffassen, digitale Technologien – in diesem Kontext KI-Anwendungen – zielgerichtet und kompetent für die eigenen Zwecke so einzusetzen, dass die eigene Handlungsfähigkeit und Kompetenz der einzelnen Akteure gestärkt wird (Institut für Innovation und Technik 2019). Folglich müssen nicht nur technische Voraussetzungen für den souveränen Umgang mit Daten geschaffen werden, sondern auch ausreichend Kompetenzen und Fachkräfte für die effiziente Nutzung von KI-Anwendungen verfügbar sein.

Kompetenzen

Eine weitere zentrale Herausforderung bei der Entwicklung und Einführung von KI-Anwendungen stellen fehlende interne Kompetenzen und Fachkräfte dar. Ins-besondere besteht in Unternehmen ein hoher Bedarf an Data Scientists, aber auch an erfahrenen Projektmanagern und KI-Forschern. Dies spiegelt sich unter anderem auch darin wider, dass viele Unternehmen nicht einschätzen können, was mit KI-Anwendungen heutzutage bereits möglich ist (Deloitte 2020; Dukino et al. 2020;

Geretshuber und Reese 2019; Lundborg und Märkel 2019; Seifert et al. 2018; Hecker et al. 2017).

Abschließend lässt sich konstatieren, dass die Entwicklung, Implementierung und Nutzung von KI-Anwendungen vielfältige Nutzenpotenziale für Unternehmen in der strategischen Produktplanung bieten. Gleichzeitig sehen sich Unternehmen mit zahlreichen Herausforderungen in den Dimensionen Mensch, Technik, Organisation und Business konfrontiert, wie zum Beispiel bei der Robustheit, der Erklärbarkeit, der digitalen Souveränität und den erforderlichen Kompetenzen.

4 Forschungsfelder

Aus einer Analyse der beschriebenen Potenziale und Herausforderungen lassen sich mehrere Forschungsfelder für KI in der strategischen Produktplanung ableiten, die diese Herausforderungen adressieren und den Transfer der Erkenntnisse in Unternehmen unterstützen. Insgesamt ergeben sich fünf aufeinander aufbauende Forschungsfelder: Potenzialfindung im Produktentstehungsprozess, Strukturierung von KI-Anwendungen, Mensch-Technik-Interaktion, Spezifikationstechnik für KI-Anwendungen und Kompetenzaufbau. Nachfolgend werden die einzelnen Forschungsfelder hergeleitet und beschrieben.

Potenzialfindung im Produktentstehungsprozess
Unternehmen stehen bei der Einführung, Entwicklung und Nutzung von KI-Anwendungen zunächst vor der Herausforderung, die Einsatzmöglichkeiten und den damit verbundenen Nutzen von KI-Anwendungen für das eigene Geschäft zu ermitteln und zu bewerten. Folglich ist eine Charakterisierung des Produktentstehungsprozesses mit besonderem Fokus auf die strategische Produktplanung erforderlich, um feststellen zu können, ob und wie KI-Anwendungen Prozesse und Tätigkeiten der Produktentstehung unterstützen können. Die holistische Betrachtungsweise wird benötigt, da die strategische Produktplanung eng mit der Produkt-, Dienstleistungs- und Produktionssystementwicklung verzahnt ist (siehe Kap. 2). Gleichzeitig müssen auch die zugehörigen Datenquellen, Daten und IT-Systeme sowie ihre Abhängigkeiten untereinander aufgenommen und strukturiert werden. Auf dieser Basis können Potenziale für KI-Anwendungen innerhalb der strategischen Produktplanung abgeleitet werden. Die Bewertung und Auswahl von adäquaten KI-Anwendungen zur Erschließung der identifizierten Potenziale erfordern jedoch einen Überblick über bestehende KI-Anwendungen im Kontext der strategischen Produktplanung.

Strukturierung von KI-Anwendungen
Eine strukturierte Übersicht über KI-Anwendungen erhöht das Verständnis für KI-Anwendungen und kann einen Beitrag zur Bewertung der Robustheit und Erklärbarkeit liefern. Erstens bedarf es dafür einer Identifikation und Dokumentation existierender KI-Anwendungen im Produktentstehungsprozess bzw. der strategischen Produktplanung. Zweitens müssen die ermittelten KI-Anwendungen anhand geeigneter Kriterien, wie zum Beispiel den verwendeten KI-Technologien, -Verfahren

und Methoden, strukturiert und klassifiziert werden. Eine Möglichkeit zur Generierung einer zweidimensionalen Anwendungsübersicht bietet die multidimensionale Skalierung. Die Anwendungsübersicht unterstützt damit die Auswahl von KI-Anwendungen. Nachgelagerte Schritte wie die Einführung oder Entwicklung werden nur indirekt adressiert. Insbesondere muss hierbei die Symbiose zwischen KI und Mensch in der strategischen Produktplanung gestaltet werden.

Mensch-Technik-Interaktion
KI-Anwendungen verändern die Interaktion zwischen Mensch und Maschine bzw. Technik. Zur Steigerung der Akzeptanz muss die Mensch-Technik-Interaktion digital souverän gestaltet werden. Die Beschreibung und Analyse der Mensch-Technik-Interaktion beim Einsatz von konventionellen sowie digitalen Technologien bilden den Ausgangspunkt für die Analyse der Besonderheiten bei der Mensch-Technik-Interaktion im Kontext von KI-Anwendungen. Hieraus lassen sich wichtige Implikationen für die benutzungsfreundliche Gestaltung der ver-änderten Mensch-Technik-Interaktion ableiten; ein wesentlicher Aspekt ist dabei die Erklärbarkeit von KI-Anwendungen aus der Perspektive der Nutzenden. Bei der Gestaltung der Mensch-Technik-Interaktion sowie der eigentlichen Entwicklung von KI-Anwendungen müssen Unternehmen darüber hinaus domänenübergreifend durch eine Spezifikationstechnik unterstützt werden.

Spezifikationstechnik für KI-Anwendungen
Durch eine Spezifikationstechnik lässt sich die Nachvollziehbarkeit von KI-Anwendungen steigern, sowohl bei der Entwicklung als auch im Betrieb. Bislang existiert keine solche Spezifikationstechnik. Die Spezifikationstechnik muss während der Planung und Konzipierung sowie Veränderungen im Betrieb bei der Erarbeitung, Dokumentation und Beschreibung der erzielten Ergebnisse unterstützen, um die Robustheit und Erklärbarkeit von KI-Anwendungen zu steigern. Hierfür müssen grafische Notationselemente und Regeln zu deren Verwendung bereitgestellt werden, die u. a. die Besonderheiten der Mensch-Technik-Interaktion widerspiegeln. Dies kann entweder durch die Weiterentwicklung bestehender oder die Entwicklung einer neuen Spezifikationstechnik für KI-Anwendungen geschehen. Um ein umfassendes Verständnis trivialer und komplexer Sachverhalte auch ohne große Einarbeitungszeit zu gewährleisten, ist eine semiformale Spezifikationstechnik anzustreben (Schneider 2018; Gausemeier et al. 2001; Chouikha et al. 1998). Überdies sehen sich Unter-nehmen mit einem übergreifenden Querschnittsthema in der strategischen Produkt-planung konfrontiert: neuartigen Kompetenzanforderungen.

Kompetenzaufbau
Für die Entwicklung, Implementierung und Nutzung von KI-Anwendungen benötigen Mitarbeiter und Unternehmen andere Kompetenzen als für bisherige Marktleistungen. Erstens gilt es, den veränderten Kompetenzbedarf für die erfolgreiche Benutzung der KI-Anwendungen in Unternehmen zu ermitteln. Zweitens müssen Kompetenz-cluster, zum Beispiel in Form von Kompetenzrollen, identifiziert werden, die unter Erschließung von Synergieeffekten gemeinsam aufgebaut werden können. Drittens folgt die Ableitung von prototypischen Aufbaumaßnahmen für den identifizierten Kompetenzbedarf.

Die fünf aufeinander aufbauenden, übergeordneten Forschungsfelder adressieren allgemein die verschiedenen Herausforderungen (siehe Kap. 3) im Kontext von KI-Anwendungen in der strategischen Produktplanung. Diese Forschungsfelder lassen sich spezifisch sehr unterschiedlich ausprägen. Für das erste Forschungsfeld, Potenzialfindung in der Produktentstehung, lassen sich sowohl direkte als auch indirekte Potenziale ableiten. Direkte Potenziale beziehen sich auf die Einführung und Nutzung von KI-Anwendungen für die Tätigkeiten innerhalb der strategischen Produktplanung. Indirekte Potenziale ergeben sich hingegen aus den neuen Aufgaben, die mit der Einführung und Nutzung von KI verbunden sind. Nachfolgend werden exemplarisch je ein direktes und indirektes Potenzial inklusive zugrundeliegender Forschungsfragen vorgestellt. Ein Beispiel für ein direktes Potenzial in der strategischen Produktplanung ist die KI-gestützte Vorausschau, ein Beispiel für ein indirektes Potenzial die Entwicklung von Produktstrategien für datenbasierte Services:

KI-gestützte Vorausschau
Im Gegensatz zur Potenzialfindung im Produktentstehungsprozess geht es bei der KI-gestützten Vorausschau nicht um die Identifikation von Potenzialen für KI-Anwendungen, sondern um die Anwendung von KI, um Erfolgspotenziale im Rahmen der Vorausschau zu ermitteln. KI-Anwendungen können bestehende Methoden, wie z. B. die Szenario-Technik, unterstützen oder für deren gezielte Weiterentwicklung eingesetzt werden. Insbesondere die Fähigkeit von KI, Massendaten zu erfassen, zu analysieren und daraus Schlüsse zu ziehen, verspricht ein hohes Nutzenpotenzial (acatech 2020). Gleichzeitig kann die benutzungsfreundliche Gestaltung der Mensch-Technik-Interaktion die Anwendungsfreundlichkeit von Methoden der Vorausschau erhöhen und damit den Nutzungsgrad vor allem in kleinen und mittleren Unternehmen steigern.

Produktstrategien für datenbasierte Services
Bei digitalen, datenbasierten Services, wie zum Beispiel auf KI-Anwendungen basierenden Services, handelt es sich um eigenständige Marktleistungen. Genau wie physische Produkte müssen auch datenbasierte Services strategisch geplant werden. Sie unterscheiden sich aber durch ihre spezifischen Eigenschaften wie die digitale, softwarebasierte Updatefähigkeit von physischen Produkten. Ansätze zur Entwicklung von Produktstrategien für physische Produkte lassen sich folglich nicht ohne Weiteres auf datenbasierte Services übertragen. Insbesondere stehen Unternehmen im Kontext von KI vor der Herausforderung, Möglichkeiten zur langfristigen Differenzierung im Wettbewerb sowie zum Erhalt des Wettbewerbsvorsprungs zu identifizieren (Deloitte 2020; Echterfeld et al. 2017).

5 Zusammenfassung

Im Zuge der voranschreitenden Digitalisierung sehen sich viele Unternehmen im Produktentstehungsprozess mit zahlreichen Herausforderungen konfrontiert: Von immer kürzer werdenden Entwicklungszyklen über exponentiell wachsende Datenmengen bis hin zu hochkomplexen intelligenten, technischen Systemen.

KI-Anwendungen sind in der Lage, mit den steigenden Anforderungen an die Produktentstehung umzugehen. Vor allem für wissensintensive Tätigkeiten bietet KI große Nutzenpotenziale. Entwicklungsrisiken und -zeiten lassen sich signifikant reduzieren, -kapazitäten erhöhen und Herstellungskosten senken.

Im vorliegenden Beitrag wurden die Potenziale und Herausforderungen bei der Einführung von KI-Anwendungen im Rahmen der strategischen Produktplanung beleuchtet. Es zeigt sich, dass sowohl in den soziotechnischen Dimensionen Mensch, Technik, Organisation und Business als auch in der operativen, taktischen und strategischen Planungsebene zahlreiche Herausforderungen für Unternehmen bestehen. Hierzu zählen insbesondere die Robustheit und Erklärbarkeit von KI-Algorithmen, die digitale Souveränität sowie fehlende Kompetenzen. Aus diesen Herausforderungen lassen sich fünf übergeordnete, aufeinander aufbauende Forschungsfelder für KI in der strategischen Produktplanung identifizieren: Potenzialfindung im Produktentstehungsprozess, Strukturierung von KI-Anwendungen, Mensch-Technik-Interaktion, Spezifikationstechnik für KI-Anwendungen und Kompetenzaufbau. Durch die spezifische Ausprägung dieser Forschungsfelder ergeben sich weitere konkrete Forschungsthemen wie die KI-gestützte Vorausschau oder die Entwicklung von Produktstrategien für datenbasierte Services.

Literatur

acatech: Innovationspotenziale der Mensch-Maschine-Interaktion. Utz, München (2016)

acatech (Hrsg.): Künstliche Intelligenz in der Industrie. acatech HORIZONTE, München (2020)

Adam, D.: Planung und Entscheidung. Modelle – Ziele – Methoden Mit Fallstudien und Lösungen. Betriebswirtschaftlicher Verlag Gabler, Wiesbaden (1996)

Anodot (Hrsg.): Anodot autonomous forecast (2020). https://www.anodot.com/autonomousforecast/. Zugegriffen: 10. Juli 2020

Bitkom (Hrsg.): Digitalisierung gestalten mit dem Periodensystem der Künstlichen Intelligenz. Ein Navigationssystem für Entscheider. Bundesverband Informationswirtschaft, Telekommunikation und neue Medien e. V., Berlin (2018)

Bretz, L., Foullois, M., Hillebrand, M.: Engineering Intelligence. KI-Kompetenz wird für Entwickler immer wichtiger (2018). https://www.it-production.com/produktentwicklung/ki-kompetenz-entwickler/. Zugegriffen:15. Juni 2020

Bullinger, H.-J., Scheer, A.-W., Schneider, K.: Service Engineering. Entwicklung und Gestaltung innovativer Dienstleistungen: Mit 24 Tabellen, 2. Aufl. Springer, Berlin (2006)

Buxmann, P., Schmidt, H.: Künstliche Intelligenz. Springer, Berlin (2019)

Chouikha, M., Janhsen, A., Schnieder, E.: Klassifikation und Bewertung von Beschreibungsmitteln für die Automatisierungstechnik. At – Automatisierungstechnik **46**(12) (1998). https://doi.org/10.1524/auto.1998.46.12.582

Coenenberg, A.G.: Kostenrechnung und Kostenanalyse – Aufgaben und Lösungen. Hg. von Christian Fink, 3. Aufl. Schäffer-Poeschel, Stuttgart (2003)

Deloitte (Hrsg.): State of AI in the Enterprise – 3rd Edition. Ergebnisse der Befragung von 200 AI-Experten zu Künstlicher Intelligenz in deutschen Unternehmen (2020). https://www2.deloitte.com/content/dam/Deloitte/de/Documents/technology-media-telecommunications/DELO-6418_State%20of%20AI%202020_KS4.pdf. Zugegriffen: 20. Juli 2020

Dukino, C., Friedrich, M., Ganz, W., Hämmerle, M., Kötter, F., Meiren, T., Neuhüttler, J, Renner, T., Schuler, S., Zaiser, H.: Künstliche Intelligenz in der Unternehmenspraxis. Studie zu Auswirkungen auf Dienstleistung und Produktion. Hg. von Wilhelm Bauer/Walter Ganz/ Moritz Hämmerle et al. Fraunhofer, Stuttgart (2020)

Dumitrescu, R., Gausemeier, J.: Innovationen im Zeitalter der Digitalisierung. Industrie 4.0 Management 2 (2018)

Dumitrescu, R., Drewel, M., Falkowski, T.: KI-Marktplatz: Das Ökosystem für Künstliche Intelligenz in der Produktentstehung. ZWF **115**(1–2), 86–90 (2020a). https://doi. org/10.3139/104.112240

Dumitrescu, R., Foullois, M., Bernijazov, R., Özcan, L., Ködding, P.: Künstliche Intelligenz in der Produktentstehung (im Druck) (2020b)

Echterfeld, J., Dülme, C., Gausemeier, J.: Gestaltung von Produktstrategien im Zeitalter der Digitalisierung. In: Bodden, E., Dressler, F., Dumitrescu, R. (Hrsg.) Wissenschaftsforum Intelligente Technische Systeme (WInTeSys) 2017. 11. und 12. Mai 2017 Heinz Nixdorf MuseumsForum, Paderborn, S. 67–91. Heinz Nixdorf Institut Universität Paderborn, Paderborn (2017)

Feldhusen, J., Grote, K.-H.: Der Produktentstehungsprozess (PEP). In: Feldhusen, J., Grote, K.-H. (Hrsg.) Pahl/Beitz Konstruktionslehre. Methoden und Anwendung erfolgreicher Produktentwicklung, 8. Aufl., S. 11–24. Springer, Berlin (2013)

Frank, M., Koldewey, C., Rabe, M., Dumitrescu, R., Gausemeier, J., Kühn, A.: Smart Services – Konzept einer neuen Marktleistung. ZWF **113**(5), 306–311 (2018). https://doi. org/10.3139/104.111913

Fraunhofer INT (Hrsg.): KATI – Knowledge Analytics for Technology & Innovation (2020). https://www.int.fraunhofer.de/de/geschaeftsfelder/technologie--und-planungsmonitoring/ themen-und-projekte/Kati.html. Zugegriffen: 20. Juli. 2020

Gausemeier, J., Plass, C.: Zukunftsorientierte Unternehmensgestaltung. Strategien, Geschäftsprozesse und IT-Systeme für die Produktion von morgen, 2. Aufl. Hanser, München (2014)

Gausemeier, J., Ebbesmeyer, P., Kallmeyer, F.: Produktinnovation. Strategische Planung und Entwicklung der Produkte von morgen. Hanser, München (2001)

Gausemeier, J., Czaja, A., Wiederkehr, O., Dumitrescu, R., Tschirner, C., Steffen, D.: Studie Systems Engineering in der industriellen Praxis. In: Maurer, M., Schulze, S.-O. (Hrsg.) Tag des Systems Engineering, S. 113–122. Hanser, München (2013)

Gausemeier, J., Amshoff, B., Dülme, C., Kage, M.: Strategische Planung von Marktleistungen im Kontext Industrie 4.0. In: Gausemeier, J. (Hrsg.) Vorausschau und Technologieplanung, S. 6–36. Verlagsschriftenreihe des Heinz Nixdorf Instituts, Paderborn (2014)

Gausemeier, J., Ovtcharova, J., Amshoff, B., Eckelt, D., Elstermann, M., Placzek, M., Wiederkehr, O.: Strategische Produktplanung: adaptierbare Methoden. Prozesse und IT-Werkzeuge für die Planung der Marktleistungen von morgen (2016). https://doi.org/10.2314/GBV:870185012

Gausemeier, J., Dumitrescu, R., Echterfeld, J., Pfänder, T., Steffen, D., Thielemann, F.: Innovationen für die Märkte von morgen. Strategische Planung von Produkten, Dienstleistungen und Geschäftsmodellen. Hanser, München (2019)

Geissbauer, R., Wunderlin, J., Schrauf, S., Krause, J.H., Morr, J.-T., Odenkirchen, A.: Industrie 4.0: Digitale Produktentwicklung verschafft Industrieunternehmen klare Wettbewerbsvorteile (2019). https://www.pwc.de/de/pressemitteilungen/2019/industrie-4-0-digitale-produktentwicklung-verschafft-industrieunternehmen-klare-wettbewerbsvorteile.html. Zugegriffen: 15. Juli 2020

Geretshuber, D., Reese, H.: Künstliche Intelligenz in Unternehmen. Eine Befragung von 500 Entscheidern deutscher Unternehmen zum Status quo – mit Bewertungen und Handlungsoptionen von PwC (2019). https://www.pwc.de/de/digitale-transformation/kuenstliche-intelligenz/studie-kuenstliche-intelligenz-in-unternehmen.pdf. Zugegriffen: 20. Juli 2020

Hecker, D., Döbel, I., Rüping, S., Schmitz, V.: Künstliche Intelligenz und die Potenziale des maschinellen Lernens für die Industrie. Wirtschaftsinf. Manag. **9**(5), 26–35 (2017). https://doi.org/10.1007/s35764-017-0110-6

Institut für Innovation und Technik (Hrsg.): Bekanntmachung. Promotionsbegleitende Zuschüsse (2019–2023) im Rahmen eines interdisziplinären Graduiertennetzwerks zum Themenbereich „Maschinenbau der Zukunft" (2019). https://www.iit-berlin.de/de/aktuelles/BekanntmachungGraduiertennetzwerkDigitaleSouvernittinderWirtscha…pdf. Zugegriffen: 12. Okt. 2019

Kühn, A.T.: Systematik zur Release-Planung intelligenter technischer Systeme. Universität Paderborn, Paderborn (2017). https://doi.org/10.17619/UNIPB/1-78

Küpper, D., Lorenz, M., Kuhlmann, C., Bouffault, O., van Wyck, J., Köcher, S., Schlageter, J., Lim, Y.H.: AI in the factory of the future (2018). https://www.bcg.com/publications/2018/artificial-intelligence-factory-future.aspx. Zugegriffen: 25. Juni 2020

Liu, S.: Man plus machine: IBM bringing AI to requirements management (2018). https://www.ibm.com/blogs/internet-of-things/iot-ibm-announces-ai-for-requirements-management/. Zugegriffen: 20. Juli 2020

Lundborg, M., Märkel, C.: Künstliche Intelligenz im Mittelstand. Relevanz, Anwendungen, Transfer. Eine Erhebung der Mittelstand-Digital Begleitforschung (2019). https://www.mittelstand-digital.de/MD/Redaktion/DE/Publikationen/kuenstliche-intelligenz-im-mittelstand.pdf?__blob=publicationFile&v=5. Zugegriffen: 20. Juli 2020

MarketsandMarkets (Hrsg.): Artificial intelligence in manufacturing market size, artificial intelligence in manufacturing market by offering (hardware, software, and services), technology (machine learning, computer vision, context-aware computing, and NLP), application, industry, and geography – global forecast to 2025 (2018). https://www.marketsandmarkets.com/Market-Reports/artificial-intelligence-manufacturing-market-72679105.html. Zugegriffen: 10. Juni 2020

McKinsey & Company (Hrsg.): Smartening up with artificial intelligence (AI). What's in it for Germany and its industrial sector (2017). https://www.mckinsey.de/~/media/McKinsey/Locations/Europe%. Zugegriffen: 15. Juli 2020

McKinsey Global Institute (Hrsg.): Notes from the frontier. Modeling the impact of AI on the worldeconomy (2018). https://www.mckinsey.de/~/media/McKinsey/Locations/Europe%. Zugegriffen: 10. Juni 2020

Minghui, Z., Lingling, Z., Libin, Z., Feng, W.: Research on technology foresight method based on intelligent convergence in open network environment. In: Shi, Y., Fu, H., Tian, Y. (Hrsg.) Computational Science – ICCS 2018, S. 737–747. Springer International Publishing, Cham (2018)

Noll, E., Zisler, K., Neuburger, R., Eberspächer, J., Dowling, M.J. (Hrsg.): Neue Produkte in der digitalen Welt. Norderstedt, Books on Demand (2016)

Porter, M.E.: What is strategy? Harv. Bus. Rev. **74**(6), 61–78 (1996)

Purdy, M., Daugherty, P.: Why artificial intelligence is the future of growth (2016). https://www.accenture.com/t20170524t055435__w__/ca-en/_acnmedia/pdf-52/accenture-why-ai-is-the-future-of-growth.pdf. Zugegriffen: 15. Juni 2020

Reichwald, R., Meier, R.: Generierung von Kundenwert mit mobilen Diensten. In: Reichwald, R. (Hrsg.) Mobile Kommunikation, S. 207–230. Gabler, Wiesbaden (2002)

Russell, S.J., Norvig, P.: Artificial intelligence. A modern approach. Prentice Hall, Upper Saddle River (1995)

Satzger, G., Kühl, N., Martin, A.: Unterstützung der Wissensarbeit durch Künstliche Intelligenz – Anforderungen an die Gestaltung maschinellen Lernens. In: Frühjahrstagung 2019 der Gesellschaft für Arbeitswissenschaft GfA, Dortmund (2019)

Schneider, M.: Spezifikationstechnik zur Beschreibung und Analyse von Wertschöpfungssystemen. Dissertation, Universität Paderborn, HNI-Verlagsschriftenreihe, Bd. 386, Paderborn (2018). https://doi.org/10.17619/UNIPB/1-643

Seifert, I., Bürger, M., Wangler, L., Christmann-Budian, S., Rohde, M., Gabriel, P., Zinke, G.: Potenziale der künstlichen Intelligenz im produzierenden Gewerbe in Deutschland. Institut für Innovation und Technik (iit), Berlin (2018)

Sickert, T.: Künstliche Intelligenz. Vom Hipster-Mädchen zum Hitler-Bot (2016). https://www.spiegel.de/netzwelt/web/microsoft-twitter-bot-tay-vom-hipstermaedchen-zum-hitlerbot-a-1084038.html. Zugegriffen: 20. Juli 2020

Ulich, E.: Arbeitspsychologie, 7. Aufl. Vdf Hochschulverlag AG an der ETH Zürich & Schöffer-Poeschel, Zürich & Stuttgart (2011)

Wahlmüller-Schiller, C.: Künstliche Intelligenz – wohin geht die Reise? Elektrotech. Informationstech. **134**(7), 361–363 (2017). https://doi.org/10.1007/s00502-017-0529-8

Winter, J.: Europa und die Plattformökonomie – Wie datengetriebene Geschäftsmodelle Wertschöpfungsketten verändern. In: Bruhn, M., Hadwich, K. (Hrsg.) Dienstleistungen 4.0, S. 71–88. Springer Fachmedien Wiesbaden, Wiesbaden (2017)

Wollen, Können und Dürfen der Kunden – Digitale Souveränität durch Kundenentwicklung

Denise Joecks-Laß[✉] und Karsten Hadwich

Universität Hohenheim, Wollgrasweg 23, 70599 Stuttgart, Deutschland

denise.joecks-lass@uni-hohenheim.de

Zusammenfassung. Der Einsatz von Informationstechnologien im Unternehmenskontext hat eine weitreichende Vernetzung von Unternehmen, Personen und Objekten zur Folge und erfordert entsprechend den Aufbau notwendiger technologischer Fähigkeiten und Ressourcen, um unabhängig und eigenständig zu handeln, d. h. digital souverän zu sein. Aufgrund der engen Zusammenarbeit von Anbieter und Kunde im Industriegüterkontext müssen Industriegüteranbieter nicht nur die eigene digitale Souveränität, sondern auch die digitale Souveränität des Kunden entwickeln. Wesentliche Voraussetzung der kundenseitigen digitalen Souveränität ist die Existenz der notwendigen Kompetenzen sowie das Vorhandensein des erforderlichen Wissens, um souverän handeln zu können. Die Kompetenzen und das Wissen können dabei von den Kunden zum einen selbst erlernt werden, zum anderen können Industriegüteranbieter durch eine systematische Kundenentwicklung den Aufbau der digitalen Souveränität von Kunden aktiv unterstützen. Ziel ist es daher, mögliche Instrumente der Kundenentwicklung zu analysieren, um den Kunden beim Aufbau von notwendigem Wissen und Kompetenzen für die Ausübung der digitalen Souveränität zu unterstützen.

Schlüsselwörter: Digitale Souveränität · Datensouveränität · Co-produktion · Kundenentwicklung · Customer Education

1 Einleitung

Neben der Globalisierung hat die Digitalisierung die Spielregeln in den letzten drei Jahrzehnten grundlegend verändert. Viele bestehende Wertschöpfungsketten und Geschäftsmodelle haben sich in der Folge entweder stark verändert oder sind gar weggefallen – zugleich sind neue entstanden (Bruhn/Hadwich 2017). Die damit verbundene Durchdringung von Informationstechnologien im persönlichen und beruflichen Alltag fördert dabei eine starke Vernetzung von Unternehmen, Personen und Objekten (Bruhn/Hadwich 2018), die zur Entwicklung von sogenannten Smart Products und Smart Services führen. Dabei handelt es sich um Produkte und Dienstleistungen, die mittels eines intelligenten Objektes Daten eigenständig austauschen

© Der/die Autor(en) 2021

E. A. Hartmann (Hrsg.): *Digitalisierung souverän gestalten*, S. 74–85, 2021.

https://doi.org/10.1007/978-3-662-62377-0_6

(Allmendinger/Lombreglia 2005). Dies hat zur Folge, dass persönliche und unternehmensrelevante Daten mit Dritten geteilt werden (Axquisti et al. 2015). Entsprechend sind in den Unternehmen technologische Fähigkeiten und Ressourcen aufzubauen und Voraussetzungen für den Einsatz von neuen Technologien, den Zugang zu Kunden und den Austausch von Daten zu schaffen (Bogenstahl/Zinke 2017). Diese sogenannte *digitale Souveränität* bezieht sich dabei nicht nur auf den einzelnen Menschen, sondern auch auf gewerbliche, private und öffentliche Institutionen und Unternehmen (Bitkom 2015).

Der zunehmende Fokus – getrieben durch die Digitalisierung – auf der gemeinsamen Wertgenerierung von Anbieter und Kunde (Bruhn/Hadwich 2018) erfordert von Industriegüterunternehmen nicht nur die eigene digitale Souveränität, sondern auch die digitale Souveränität des Kunden zu entwickeln und damit die Voraussetzung für die Akzeptanz und Nutzung von technologiegetriebenen Dienstleistungen beim Kunden zu schaffen. Wesentliche Voraussetzung der kundenseitigen digitalen Souveränität ist die Existenz der notwendigen Kompetenzen sowie das Vorhandensein des erforderlichen Wissens, um souverän handeln zu können (Friedrichsen/Bisa 2016). Die Kompetenzen und das Wissen können von den Kunden zum einen selbst erlernt werden, zum anderen können Industriegüteranbieter durch eine *systematische Kundenentwicklung* den Aufbau der digitalen Souveränität bei Dienstleistungen von Kunden aktiv unterstützen. Dabei haben die Digitalisierung sowie die steigende Komplexität von digitalen Dienstleistungen den Bedarf an Kundenentwicklungsmaßnahmen in den letzten Jahren stetig steigen lassen (Youssef et al. 2018). Vor diesem Hintergrund diskutieren die folgenden Ausführungen die Sicherstellung der kundenseitigen digitalen Souveränität durch den Anbieter. Der Schwerpunkt liegt dabei auf den möglichen Instrumenten der Kundenentwicklung, um den Kunden beim Aufbau von notwendigem Wissen und Kompetenzen für die Ausübung der digitalen Souveränität zu unterstützen.

2 Digitale Souveränität von Kunden

2.1 Digitale Souveränität – Eine Begriffsbestimmung

Die Diskussion um die digitale Souveränität wurde in den vergangenen Jahren in der Praxis und Politik stetig vorangetrieben, befindet sich jedoch aus Forschungsperspektive in ihren Anfängen. So existiert kein einheitliches Begriffsverständnis (Friedrichsen/Bisa 2016; BITKOM 2015). Souveränität als Möglichkeit des selbstbestimmten Handelns zeichnet sich vor allem durch *Eigenständigkeit* und *Unabhängigkeit* aus (BITKOM 2015). Dabei wird digitale Souveränität zum Beispiel als „das Bestimmungsrecht über alle persönlich digital erfassten Daten bzw. die eines Unternehmens" (Friedrichsen/Bisa 2016, S. 41) definiert oder bezieht sich auf die Möglichkeit, Technologien selbstbestimmt zu nutzen (Bizer 2019). Insgesamt wird unter digitaler Souveränität das *Bestimmungsrecht über die eigenen Daten* (Friedrichsen/Bisa 2016) und die *Selbstbestimmung bei der Technologienutzung* verstanden. In der Folge werden neben dem Begriff der *digitalen Souveränität* die digitale Selbstbestimmung auch unter den Begriffen *Datensouveränität* und

technologische Souveränität diskutiert (Couture/Toupin 2019). Beide stellen Teil-
dimensionen der digitalen Souveränität dar, die sich auf konkrete Aspekte der
Digitalisierung, z. B. den Austausch von Daten, beziehen. Zielsetzung dabei ist stets,
die Befähigung zum selbstbestimmten Handeln in der digitalen Welt, entweder bei der
Herstellung und der Nutzung von Technologien (technologische Souveränität) oder
bei der Bereitstellung und der Nutzung von Daten (Datensouveränität).

Bisher ist bekannt, dass die Akzeptanz und Nutzungsintention von Technologien positiv beeinflusst werden, wenn die eingesetzte Technologie die Selbstbestimmung des Anwenders gewährleistet (Dupuy et al. 2016). Dabei konstituiert
sich die Selbstbestimmung durch die Wahrnehmung der eigenen Autonomie und
Kompetenzen sowie dem Gefühl von Zugehörigkeit (Deci/Ryan 2000). Daneben
ist von Bedeutung, dass der Mensch sich als Quelle des eigenen Handelns versteht (Deci/Ryan 2000) und dass seine Kompetenzen ihn in die Lage versetzen, ein
gewünschtes Verhalten durchzuführen bzw. zu kontrollieren (Bandura 1993). *Selbstbestimmung* ergibt sich demnach aus der Kombination von Kompetenzen, Fähigkeiten
und Wissen, die einem ein Gefühl der Kontrolle und Einfluss auf die Situation ermöglichen. *Digitale Souveränität* bezeichnet demnach die wahrgenommene Fähigkeit,
digitale Interaktions- und Transaktionsergebnisse zielgerichtet zu beeinflussen und zu
kontrollieren, und befähigt dazu, selbstbestimmt und unabhängig zu handeln. Voraussetzungen stellen dabei Kompetenzen, Wissen und Fähigkeiten hinsichtlich der Datenverarbeitung und Technologienutzung dar.

2.2 Digitale Souveränität als gemeinsame Co-Produktion

Die enge Verflechtung eines Anbieters mit seinen Kunden im Industriegütersektor hat
zur Folge, dass die anbieterseitige digitale Souveränität von dem Grad der digitalen
Souveränität seiner Kunden abhängt. Ein Kunde, der sein Netzwerk sowie Daten
nur unzureichend schützt, kann unbefugten Dritten unwissentlich einen Zugang
zu Informationen des Anbieters gewähren. Daher sind Anbieter gezwungen, neben
der eigenen digitalen Souveränität auch die digitale Souveränität ihrer Kunden zu
betrachten. Dabei ist zu prüfen, in welchem Umfang Anbieter proaktiv bei der Entwicklung der kundenseitigen digitalen Souveränität unterstützen können.

Bereits Ende der 1970er-Jahre stellen Lovelock und Young (1979) heraus, dass
Kunden eine produktive Ressource bzw. aktive Teilnehmer von Produktions- und
Erstellungsprozessen sind. Der Kunde wird in der Folge Co-Produzent der Leistung
und damit ein erfolgskritischer Potenzialfaktor (Bruhn et al. 2019). Ergreift ein
Anbieter Maßnahmen, um die digitale Souveränität seiner Kunden erfolgreich zu entwickeln, stellt dies einen Entwicklungsprozess mit aktiver Kundenintegration dar.
Erst die Zusammenarbeit zwischen Kunden und Anbieter führt zu der gewünschten
nutzenstiftenden Wirkung (Grönroos/Voima 2013; Vargo/Lusch 2004). Aus Anbieter-
sicht lassen sich Kosten- und Effizienzvorteile der Digitalisierung erst realisieren,
wenn auch ihre Kunden ein ausreichendes Maß an digitalem Know-how besitzen.
Hierfür sind zum einen (1) die *Rollen und Aufgaben der Kunden* und zum anderen
(2) die notwendigen *Kompetenzen und das Wissen* zu definieren und zu vermitteln.
Des Weiteren ist sicherzustellen, dass die Kunden (3) eine ausreichende *Motivation*
besitzen, gemeinsam mit dem Anbieter zu kooperieren (Meuter et al. 2005).

Der erste Schritt erfolgreicher Kundenintegration ist die *Definition von Rollen und Aufgaben* der Kunden (Bowers et al. 1990): Kunden benötigen einen Orientierungsrahmen, um zu wissen, was sie erwarten können und was sie dürfen (Meuter et al. 2005). Hierzu gehört die Definition der Aufgaben, Tätigkeiten und Entscheidungen, die der Kunde übernimmt (Bowers et al. 1990) und seiner digitalen Souveränität dienen. Um digital souverän zu handeln, benötigen Kunden Mitsprache- und Kontrollmöglichkeiten z. B. über Bedienung und Nutzung von Technologien oder der Verwendung von Daten.

Kompetenzen und Wissen bilden die wesentliche Voraussetzung für die Entwicklung von digitaler Souveränität (Friedrichsen/Bisa 2016) und erlauben dem Kunden, digitale Dienstleistungen und die zugrunde-liegenden Technologien zu verstehen und erfolgreich zu nutzen (Ganz et al. 2018). Zentrale Kompetenzen dabei sind z. B. solche, die im Zusammenhang mit der *Datensammlung und -auswertung (Data Analytics)* oder den *Vernetzungsfähigkeiten von Menschen und Objekten* (Lenka et al. 2017; Ritter/Pedersen 2020) stehen. Ebenfalls sind Wissen und Kompetenzen im Hinblick auf *Gesetzgebung und Verträge* (Ritter/Pedersen 2020) von Bedeutung. So sind z. B. im grenzübergreifenden Datenverkehr geografische Besonderheiten in der Gesetzgebung und Vertragsgestaltung zu berücksichtigen (BMWI 2017). Des Weiteren sind Kenntnisse im Zusammenhang mit der *Interoperabilität von Technologien und deren Komponenten* zu beachten (BMWI 2017). Zudem werden anspruchsvolle IT-Kenntnisse und Fähigkeiten zum kontinuierlichen *Umgang mit Maschinen und Netzwerksystemen* sowie deren Bedienung, Pflege und Instandhaltung benötigt (BMWI 2017; Ganz et al. 2018). Die Zusammenarbeit zwischen Anbieter und Kunde erfordert dabei ein ausreichendes Maß an *Kommunikations-, Kooperations- und Koordinationsfähigkeiten* (Ganz et al. 2013).

Grundsätzlich ist es die Entscheidung des Kunden, wie digital souverän dieser handelt und sein will. Das Verhalten und die Entscheidungen von Kunden hängen wesentlich von deren *Motivation* ab, gemeinsam mit dem Anbieter zu arbeiten (Meuter et al. 2005). Dabei ist zu unterscheiden, ob die Motivation, digital souverän zu handeln, aus eigenem inneren Wunsch (intrinsisch motiviert) oder durch externe Einflüsse (extrinsisch motiviert), z. B. durch finanzielle Anreize, erfolgt. Anbieter können dabei durch eine proaktive Kundenentwicklung die digitale Souveränität sicherstellen, indem sie die Rollen und Aufgaben definieren, notwendige Kompetenzen vermitteln sowie die Motivation zur Zusammenarbeit steigern.

3 Entwicklung der kundenseitigen digitalen Souveränität

3.1 Ziele der Kundenentwicklung

Ziel der *Kundenentwicklung* ist es, dem Kunden ausreichend Informationen und Wissen über Produkte und Dienstleistungen zu vermitteln, um das kundenseitige Verständnis zu steigern (Brunetti et al. 2016) und eine erfolgreiche Co-Produktion zwischen Anbieter und Kunden zu gewährleisten (Bitner et al. 1997; Hibbert et al. 2012; Bell et al. 2017). Kundenentwicklungsmaßnahmen sind Dienstleistungsangebote des Anbieters, die darauf abzielen, den Kunden ausreichend zu befähigen, damit dieser erfolgreich an Markttransaktionen teilnehmen kann (Brunetti et al. 2016). So können durch die Maßnahmen der Kundenentwicklung z. B. notwendiges Wissen vermittelt, Anforderungen an den Kunden kommuniziert und die Motivation zur Mitarbeit gesteigert werden (z. B. Huang et al. 2013; Hibbert et al. 2012).

Die proaktive Entwicklung und Schulung von Kunden wirkt sich dabei nachweislich positiv auf die *Kundenzufriedenheit* (z. B. Bell et al. 2017) und die *Kundenbindung* aus (z. B. Suh et al. 2015; Eisingerich/Bell 2006). Vor dem Hintergrund der besonderen Relevanz von Vertrauen im Kontext der Digitalisierung (Paeffgen/Eichen 2020) stellt die Kundenentwicklung eine Dienstleistung dar, die den Kunden bei der Digitalisierung unterstützt und die Kundenbeziehung weiter festigt (Suh et al. 2015). Zudem fördert die Kundenentwicklung die Akzeptanz sowie Nutzung von technologiegetriebenen Produkten und Dienstleistungen. Dabei wird das Nutzungsverhalten maßgeblich von den Fähigkeiten und Kompetenzen des Anwenders bestimmt (Aubert et al. 2005; Xue et al. 2007). Die eigenen Kunden beim Aufbau dieser Kompetenzen zu unterstützen, stellt vor diesem Hintergrund nicht nur eine Chance dar, die Geschäftsbeziehung weiter zu festigen, sondern aktiv die Diffusion und Akzeptanz der eigenen Dienstleistungen und den verbundenen Technologien voranzutreiben.

3.2 Instrumente der Kundenentwicklung

Kundenentwicklungsmaßnahmen stellen zum einen relevante Informationen zur Verfügung, z. B. im Hinblick auf die eingesetzten Technologien und Netzwerke, und schaffen zum anderen eine angemessene Lernumgebung für Kunden (Brunetti et al. 2016). Maßnahmen zur Kundenentwicklung beinhalten sowohl die Bereitstellung als auch die proaktive Vermittlung von Informationen. Dabei ist individuell festzulegen, welche Entwicklungsmaßnahmen für den jeweiligen Kunden geeignet sind (Burton 2002; Brunetti et al. 2016). So können Trainings durchgeführt oder Material zum Selbststudium bereitgestellt werden (Burton 2002).

Die unter dem Stichwort der *Customer Education* diskutierten Maßnahmen reichen dabei von professionellen Trainings, über Beratungen, bis hin zu Blogs, Seminaren, Foren, Werbung und anderen Offline- und Onlineaktivitäten (Suh et al. 2015). Grundsätzlich ist dabei zu unterscheiden, ob die Kundenentwicklung informations- oder erfahrungsbasiert erfolgt. Eine *informationsbasierte Kundenentwicklung* legt ihren Fokus auf die Vermittlung von Informationen, die der Kunde dann anwenden kann, während *erfahrungsbasierte Entwicklungsansätze* sich meist durch eine aktive Teilnahme und Ausprobieren des Kunden auszeichnen (Webb 2000; Gouthier 2003). Analog zur Entwicklung von Mitarbeitern (Becker 2010), werden die Instrumente der Kundenentwicklung eingesetzt, um die Motivation *(Wollen)* oder die Qualifizierung von Kunden *(Wissen und Können)* zu fördern. Zudem stellt die Gestaltung des Handlungsspielraums und der Lernumgebung *(Dürfen)* ein weiteres Handlungsfeld der Kundenentwicklung dar (Gouthier 2003).

3.3 Digitale Souveränität durch Kundenentwicklung

Digitale Souveränität erfordert die gemeinsame Co-Produktion von Anbieter und Kunden. Folglich sind Aufgaben und Kompetenzprofile zu erstellen und die

Motivation zur Zusammenarbeit sicherzustellen. Jeder dieser Faktoren lässt sich einer bestimmten Stellschraube der Kundenentwicklung zuordnen (vgl. Abb. 1). Neben den Maßnahmen, die auf das Wollen (Motivation der Kunden), das Wissen und Können (Kompetenzen der digitalen Souveränität) sowie das Dürfen (Tätigkeiten, Aufgaben und Entscheidungsspielraum der Kunden) abzielen, ist für eine erfolgreiche Entwicklung der kundenseitigen digitalen Souveränität und die Ausgestaltung einer angenehmen Lernumgebung von Bedeutung (Gouthier 2003). Die Ausgestaltung der Kundenkontaktpunkte im Rahmen der Qualifizierungsmaßnahmen beeinflusst dabei die Lernbereitschaft und -fähigkeit der Kunden sowohl positiv als auch negativ (Fassot 1995).

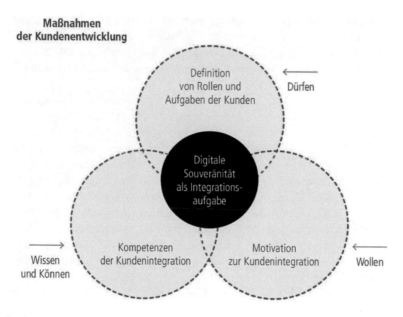

Abb. 1. Ausgestaltung der Kundenentwicklung zur Sicherstellung der digitalen Souveränität

Definition von Rollen und Aufgaben der Kunden (Dürfen der digitalen Souveränität)

Digitale Souveränität als gemeinsame Integrationsaufgabe von Anbieter und Kunde erfordert die Definition von Aufgaben, Rollen und Erwartungen (Meuter et al. 2005). Dabei werden unter dem Stichwort „Dürfen" in der Kundenentwicklung die Maßnahmen verstanden, die den *Handlungsspielraum der Kunden* definieren (Gouthier 2003). Ein für die Entwicklung der kundenseitigen digitalen Souveränität effektives Instrument ist die Definition der kundenseitigen Tätigkeiten sowie die Festlegung der Entscheidungs- und Kontrollspielräume (Oechsler 2015). Erstere beziehen sich auf den Umfang der von Kunden erbrachten Leistungen während Letztere das Maß des autonomen Handelns bestimmen (Gouthier 2003). So können *Aufgaben,* die die digitale Souveränität des Kunden einschränken, von diesem direkt übernommen werden, wie z. B. die Analyse und die Auswertung von Daten. Um digital selbstbestimmt zu handeln, ist der *Grad des autonomen Handelns* ebenfalls von Bedeutung. Für die digitale Souveränität ist ein ausreichendes Maß an Mitbestimmung z. B. über die Weitergabe von Daten und Informationen bis hin zur gemeinsamen Technologieentscheidung notwendig. Selbstbestimmung erfordert die aktive Teilnahme an Entscheidungsprozessen, um deren Folgen richtig einschätzen zu können. Die Entscheidungen über die Tätigkeiten, Aufgaben sowie den Grad des autonomen Handelns unterstützen dabei aktiv die spezifische Rollen- und Aufgabendefinition der kundenseitigen digitalen Souveränität.

Kompetenzen der Kundenintegration (Wissen und Können der digitalen Souveränität)

Grundsätzlich ist bei der Umsetzung der Kundenentwicklung der digitalen Souveränität zu unterscheiden, ob die Maßnahmen die *Wissensvermittlung (Wissen)* oder den Aufbau von *Kompetenzen und Fertigkeiten (Können)* verfolgen. Anbietern stehen dabei verschiedene Kommunikationsinstrumente, Trainings- und Lehrformate zur Verfügung (Burton 2002; Suh et al. 2005).

Um selbstbestimmt bei digitalen Transaktionen zu handeln, ist auf Seiten der Kunden *Wissen* notwendig, z. B. in Hinblick auf die Funktionsweise der eingesetzten Technologie sowie die rechtlichen Rahmenbedingungen. Wissen über die Datensammlung und -verarbeitung ist ebenfalls für die digitale Selbstbestimmung von Interesse. Um Wissen zu vermitteln, können dem Kunden Schulungs- und Trainingsangebote angeboten werden (Suh et al. 2015). Zudem spielt im Industriegüterkontext auch der individuelle persönliche Kontakt von Unternehmen und Kunden eine bedeutende Rolle (Lilien 2016), um relevantes Wissen, z. B. in Hinblick auf die Instandhaltung und Nutzung der technischen Systeme, zu vermitteln. Für die Wissensvermittlung sind auch Kommunikationsmaßnahmen aus dem Marketing oder Vertrieb relevant, wie z. B. eine Website, Broschüren und Vorträge (Burton 2002; Gouthier 2003; Suh et al. 2015).

Hinsichtlich der Vermittlung von *Kompetenzen und Fertigkeiten* sind vor allem Trainings (online und offline) von Bedeutung. Zudem können Schulungen oder Seminare angeboten werden, um die Kunden z. B. in Analysemethoden und deren Funktionsweisen einzuarbeiten, um so den Kunden Kontrolle und Entscheidungshoheit über ihre Daten zu ermöglichen. Ebenfalls von Bedeutung sind Beratungsgespräche durch den Anbieter (Gouthier 2003; Suh et al. 2015). In einer Eins-zu-eins-Situation können Kunden unterrichtet werden, z. B. im Umgang mit Verfahren und Methoden zur Vernetzung von Personen und Objekten über Unternehmensgrenzen hinweg.

Motivation zur Kundenintegration (Wollen der digitalen Souveränität)

Voraussetzung zur Entwicklung der digitalen Souveränität ist die Motivation des Kunden. Daher sind Maßnahmen zu ergreifen und Anreize zu identifizieren, die Kunden motivieren (Wollen), digital souverän zu handeln (Gouthier 2003). Aufgrund der wachsenden Skepsis und Bedenken hinsichtlich der Netzwerksicherheit und des Datenschutzes (Vakeel et al. 2017) ist anzunehmen, dass Kunden ein grundsätzliches Interesse an der Sicherstellung der eigenen digitalen Souveränität besitzen *(intrinsische Motivation der digitalen Souveränität)*. Die mit der digitalen

Souveränität einhergehenden Kompetenzen ermöglichen den Kunden, eine bessere Kontrolle über die eigenen Daten auszuüben und als gleichberechtigte Partner in Transaktionen mit unterschiedlichen Akteuren zu agieren. Zusätzlich können Anbieter zur Steigerung der Motivation *Verhaltensanreize* setzen, die entweder negativ (in Form von Bestrafungen) oder positiv (in Form von Belohnungen) ausgestaltet sind (Higgins 2000). In Bezug auf die digitale Souveränität sind vor allem Anreizmechanismen einzusetzen, die dem Kunden zum einen den *Mehrwert der digitalen Souveränität* aufzeigen und zum anderen *finanzielle Vorteile* bieten. Beispiel für solche Anreizinstrumente sind z. B. Rabatte oder kostenlose Nutzungsrechte. *Nichtfinanzielle Anreize* stellen im Kontext der digitalen Souveränität z. B. das Gefühl von Sicherheit dar. Vertrauensvolle Beziehungen zwischen Anbieter und Kunden helfen ebenfalls, den Kunden zu motivieren, seine digitale Souveränität sicherzustellen.

Zusammenfassend stehen den Anbietern eine Vielzahl an unterschiedlichen Instrumenten und Maßnahmen zur Verfügung, um ihren Kunden bei der Entwicklung der digitalen Souveränität zu unterstützen (vgl. Abb. 2). Neben Maßnahmen, die das Lernen von Inhalten und Fertigkeiten ermöglichen, spielen aber auch Kontaktsituationen zwischen Anbieter und Kunde sowie die Spezifikation des kundenseitigen Handlungsspielraums eine wesentliche Rolle bei der Entwicklung der kundenseitigen digitalen Souveränität durch den Anbieter.

Abb. 2. Ausgestaltung der Kundenentwicklung zur digitalen Souveränität

4   Fazit und Ausblick

Die Digitalisierung erfordert ständiges Lernen und die Entwicklung neuer Kompetenzen. Eine wesentliche Herausforderung ist dabei die Sicherstellung der digitalen Selbstbestimmung bzw. digitalen Souveränität sowohl für Unternehmen als auch deren Kunden. Dabei besitzen die Anbieter die Möglichkeit, ihre Kunden aktiv bei der Entwicklung der digitalen Souveränität durch geeignete

Kundenentwicklungsmaßnahmen zu unterstützen, indem sie die Motivation der Kunden (Wollen) aktiv fördern und dem Kunden relevante Qualifikationen (Wissen und Können) vermitteln. Zudem werden Anbieter durch die Bereitstellung passender Lernumgebungen sowie die Erweiterung des Handlungs- und Tätigkeitsraums des Kunden (Dürfen) in die Lage versetzt, die digitale Souveränität von Kunden auszubauen. In diesem Kontext ist vor allem von Bedeutung, den Kunden mit dem notwendigen Wissen in Hinblick auf die Funktionsweise und Nutzung unterschiedlicher Technologien auszustatten sowie ausreichende Methodenkompetenzen in Hinblick auf Datenanalyse und Methoden zur Vernetzung von Personen und Objekten zu vermitteln.

Die rasch fortschreitende Digitalisierung wird dabei den Wunsch, die eigene digitale Souveränität sicherzustellen, wachsen lassen. Dabei wird es zukünftig von Bedeutung sein, den Grad der digitalen Souveränität bestimmen zu können, um ausgehend davon, die erforderlichen Maßnahmen zum Ausbau der digitalen Souveränität zu identifizieren und zu planen – sowohl aus Sicht des Anbieters als auch des Kunden. In diesem Kontext stellt sich zudem die Frage, welche Interdependenzen zwischen den unterschiedlichen Graden der digitalen Souveränität von verschiedenen Akteuren existieren. Zudem ergeben sich Herausforderungen bei der Sicherstellung der digitalen Souveränität im Kontext von externen Unternehmensnetzwerken. Ein weiteres relevantes Entwicklungsfeld ist Datensouveränität. Daten als Motor von neuen digitalen Geschäftsmodellen und wesentlicher Treiber des Unternehmenserfolgs stehen den wachsenden Bedenken hinsichtlich der Datenverarbeitung auf Kundenseite (Gimpel et al. 2018) sowie den Bestrebungen von Regierungen, die Verarbeitung von Daten zu regulieren (z. B. durch die Datenschutzgrundverordnung) gegenüber. Hier wird es zukünftig von Interesse sein, diejenigen Maßnahmen und Faktoren zu identifizieren, die die Datensouveränität sowie deren Wahrnehmung maßgeblich verbessern.

Schlussendlich werden der wachsende Datenverkehr, die Entwicklung neuer digitaler Geschäftsmodelle und der weitreichende Einsatz von Informationstechnologien das wirtschaftliche und gesellschaftliche Leben weiter verändern und vorantreiben. Ein proaktiver Umgang mit den damit verbundenen Herausforderungen sowie die Entwicklung und Sicherstellung der digitalen Souveränität werden somit zukünftig wesentliche Erfolgsgrößen darstellen.

Literatur

Allmendinger, G., Lombreglia, R.: Four strategies for the age of smart services. Harv. Bus. Rev. **83**(10), 131–145 (2005)

Aubert, B, Khoury, G., Jaber, R.: Enhancing customer relationships through customer education: an exploratory study. In: Proceedings of the 1st International Conference on E-Business and E-Learning, S. 194–201. Athen (2005)

Axquisti, A., Brandimarte, L., Loewenstein, G.: Privacy and human behavior in the age of information. Science **347**(6221), 509–514 (2015)

Bandura, A.: Perceived self-efficacy in cognitive development and functioning. Educ. Psychol. **28**(2), 117–148 (1993)

Becker, M.: Entwicklungstendenzen der Personalentwicklung Personalentwicklung 2015. In: Wagner, D., Herlt, S. (Hrsg.) Perspektiven des Personalmanagement 2015, S. 233–266. Springer Gabler, Wiesbaden (2010)

Bowers, M.R., Martin, C.L., Luker, A.: Trading places: employees as customers, customers as employees. J. Serv. Mark. **4**(2), 55–69 (1990)

Bell, S.J., Auh, S., Eisingerich, A.B.: Unraveling the customer education paradox. J. Serv. Res. **20**(3), 306–321 (2017)

BITKOM: Digitale Souveränität – Positionsbestimmung und erste Handlungsempfehlungen für Deutschland und Europa (2015). https://doi.org/10.1007/s11623-018-0944-y

Bitner, M.J., Franda, W.T., Hubbert, A.R., Zeithaml, V.A.: Customer contribution and roles in service delivery. Int. J. Serv. Ind. Manag. **8**(3), 193–205 (1997)

Bizer, J.: Digitale Souveränität: Wer steuert, organisiert und kontrolliert die digitale Verwaltung? In: Lühr, H.H., Jabkowski, R., Smentek, S. (Hrsg.) Handbuch Digitale Verwaltung, S. 23–26. KSV Verwaltungspraxis, Wiesbaden (2019)

Bogenstahl, C., Zinke, G.: Digitale Souveränität: Ein mehrdimensionales Handlungskonzept für die deutsche Wirtschaft. In: Wittpahl, V. (Hrsg.) Digitale Souveränität: Bürger, Unternehmen, Staat, S. 65–82. Springer, Wiesbaden (2017)

BMWI: Kompetenzen für eine Digitale Souveränität (2017). https://www.bmwi.de/Redaktion/DE/Publikationen/Studien/kompetenzen-fuer-eine-digitale-souveraenitaet.html. Zugegriffen: 12. Juni 2017

Bruhn, M., Hadwich, K.: Servicetransformation – Eine Einführung in die theoretischen und praktischen Problemstellungen. In: Bruhn, M., Hadwich, K. (Hrsg.) Servicetransformation – Entwicklung vom Produktanbieter zum Dienstleistungsmanagement, S. 3–22. Springer, Wiesbaden (2017)

Bruhn, M., Hadwich, K.: Dienstleistungen 4.0 – Erscheinungsformen, Transformationsprozesse und Managementimplikationen. In: Bruhn, M., Hadwich, K. (Hrsg.) Dienstleistungen 4.0: Geschäftsmodelle – Wertschöpfung – Transformation, S. 1–39. Springer, Wiesbaden (2018)

Bruhn, M., Meffert, H., Hadwich, K.: Handbuch Dienstleistungsmarketing: Umsetzung – Planung – Kontrolle, 2. Aufl. Springer, Wiesbaden (2019)

Brunetti, F., Bonfanti, A., Vigolo, V.: Empowering customer education: a research agenda for marketing studies. In: 9th Annual Conference of the EuroMed Academy of Business, S. 393–405. EuroMed, Warschau (2016)

Burton, D.: Consumer education and service quality: conceptual issues and practical impliations. J. Serv. Mark. **16**(2), 125–142 (2002)

Couture, S., Toupin, S.: What does the notion of 'Sovereignty' mean when referring to the digital? New Media Soc. **21**(10), 2305–2322 (2019)

Deci, E., Ryan, R.M.: The "What" and "Why" of goal pursuits: human needs and the self-determination of behavior. Psychol. Inq. **11**(4), 227–268 (2000)

Dupuy, L., Consel, C., Sauzéon, H.: Self-determination-based design to achieve acceptance of assisted living technologies for older adults. Comput. Hum. Behav. **65**, 508–521 (2016)

Eisingerich, A.B., Bell, S.J.: Relationship marketing in the financial services industry: the importance of customer education, participation and problem management for customer loyalty. J. Finan. Serv. Mark. **10**(4), 86–97 (2006)

Fassot, G.: Dienstleistungspolitik industrieller Unternehmen. Springer, Wiesbaden (1995)

Friedrichsen, M., Bisa, P.: Einführung – Analyse der digitalen Souveränität auf fünf Ebenen. In: Friedrichsen, M., Bisa, P.J. (Hrsg.) Digitale Souveränität: Vertrauen in der Netzwerkgesellschaft. Springer Fachmedien, Wiesbaden (2016)

Ganz, W., Dworschak, B., Schnalzer, K.: Competences and competences development in a digitalized world of work. In: Nunes, I.L. (Hrsg.) AHFE: International Conference on Applied Human Factors and Ergonomics – Advances in Human Factors and System Interaction, S. 312–320. Springer, Los Angeles (2018)

Ganz, W., Tombeil, A.S., Bornewasser, M., Theis, P.: Produktivität von Dienstleistungsarbeit. Frauenhofer, Stuttgart (2013)

Gimpel, H., Kleindienst, D., Nüske, N., Rau, D., Schmied, F.: The upside of data privacy – delighting customers by implementing data privacy measures. Electron. Mark. 28(4), 437–452 (2018)

Gouthier, M.H.J.: Kundenentwicklung im Dienstleistungsbereich. Deutscher Universitäts, Wiesbaden (2003)

Grönroos, C., Voima, P.: Critical service logic: making sense of value creation and co-creation. J. Acad. Mark. Sci. 41(2), 133–150 (2013)

Hibbert, S., Winklhofer, H., Temerak, M.S.: Customers as resource integrators. J. Serv. Res. 15(3), 247–261 (2012)

Higgins, E.T.: Making a good decision: value from fit. Am. Psychol. 55, 1217–1230 (2000)

Huang, M.-X., Huang, Y., Deng, Y.-N.: How to improve customer participation through customer education: from the perspective of customer readiness. In: 6th International Conference on Information Management, Innovation Management and Industrial Engineering, S. 251–254. Xi'an (2013)

Lenka, S., Parida, V., Wincent, J.: Digitalization capabilities as enablers of value co-creation in servitizing firms. Psychol. Mark. 34(1), 92–100 (2017)

Lilien, G.L.: The B2B knowledge gap. Int. J. Res. Mark. 33(3), 543–556 (2016)

Lovelock, C.H., Young, R.F.: Look to consumers to increase productivity (1979). https://hbr.org/1979/05/look-to-consumers-to-increase-productivity

Meuter, M.L., Bitner, M.J., Ostrom, A.L., Brown, S.W.: Choosing among alternative service delivery modes: an investigation of customer trial of self-service technologies. J. Mark. 69(April), 61–83 (2005)

Oechsler, W.A.: Personal und Arbeit, 10. Aufl. DeGruyter, Berlin (2015)

Paeffgen, N., Eichen, F.: Digital trust from the customer's perspective: a qualitative study in Switzerland (2020). https://digitalswitzerland.com/wp-content/uploads/2020/01/Booklets-Key-Findings-Digital-Trust.pdf

Ritter, T., Pedersen, C.L.: Digitization capability and the digitization of business models in business-to-business firms: past, present, and future. Ind. Mark. Manage. 86, 180–190 (2020)

Suh, M., Greene, H., Israilov, B., Rho, T.: The impact of customer education on customer loyalty through service quality. Serv. Mark. Q. 36, 261–280 (2015)

Vakeel, K.A., Das, S., Udo, G.J., Bagchi, K.: Do security and privacy policies in B2B and B2C E-Commerce differ? A comparative study using content analysis. Behav. Inform. Technol. 36(4), 390–403 (2017)

Webb, D.: Understanding customer roles and its importance in the formation of service quality expectations. Serv. Ind. J. 20(1), 1–12 (2000)

Vargo, S., Lusch, R.F.: Evolving to a new dominant logic for marketing. J. Mark. **68**(1), 1–17 (2004)

Xue, M., Hitt, L.M., Harker, P.T.: Customer efficiency, channel usage, and firm performance in retail banking. Manuf. Serv. Oper. Manag. **9**(4), 535–558 (2007)

Youssef, K.B., Viassone, M., Kitchen, P.: Exploring the relationship between education and customer satisfaction. Ital. J. Manag. **36**(105), 43–60 (2018)

Wem gehören die Daten? – Rechtliche Aspekte der digitalen Souveränität in der Wirtschaft

Julia Froese[✉] und Sebastian Straub
Institut für Innovation und Technik (iit), Steinplatz 1,
10623 Berlin, Deutschland
Froese@iit-berlin.de, Straub@iit-berlin.de

Zusammenfassung. Ausgehend von einer konkreten Diskussion in der Luftfahrtbranche über Zugriffs- und Nutzungsrechte an den Daten, die durch Flugzeuge generiert werden, nimmt dieser Beitrag die rechtlichen Aspekte rund um das Thema „Datenhoheit" in den Blick. Aufbauend auf einer Darstellung der gegenwärtigen Rechts- und Interessenlage, allgemein und insbesondere in der Dreieckskonstellation Maschinenhersteller-Plattformbetreiber-Maschinennutzer in Bezug auf Rechte an Daten, werden Hinweise für eine mögliche vertragliche Ausgestaltung gegeben und bestehende Regelungslücken einschließlich ihrer möglichen Folgen aufgezeigt. Ferner wird kurz auf weitere, vom Ausgangsproblem mittelbar betroffene juristische Fragen eingegangen. Schließlich erfolgt eine Auseinandersetzung mit möglichen Ansätzen zur Beseitigung der bestehenden Regelungslücken, Rechtsunsicherheiten und daraus resultierender Probleme.

Schlüsselwörter: Datenhoheit · Datenplattformen · Verfügungsrechte · Nutzungsrechte · Vertragsgestaltung · Datenschutz

1 Einleitung

„IN DER LUFTFAHRT TOBT DER KAMPF UM DIE DATENHOHEIT" – Hintergrund dieser Artikelüberschrift aus dem letzten Jahr (vgl. zum gesamten Text Koenen 2019) ist die durch den Flugzeughersteller Airbus betriebene Plattform „Skywise", welche die durch Flugzeuge generierten Daten dazu nutzen will, vorbeugende Wartungs- und Reparaturdienstleistungen anzubieten. Für sich genommen ist es zunächst einmal eine gute Idee, durch Nutzung der maschinengenerierten Daten entsprechende Dienste auf den individuellen Wartungsbedarf anzupassen – so werden unter anderem die Ressourcen des Maschinennutzers geschont. Nichtsdestotrotz stoßen die Pläne von Airbus auf Kritik bei der Lufthansa Technik AG (LHT). Diese sind selbst ein Anbieter von Wartungs-, Reparatur- und Überholungsdienstleistungen von Flugzeugen; die LHT sieht aber nicht primär ihr eigenes Geschäft in Gefahr. Vielmehr gehe es um die Unabhängigkeit der Airlines, in ihrer Rolle als Kunden

E. A. Hartmann (Hrsg.): *Digitalisierung souverän gestalten,* S. 86–97, 2021.
https://doi.org/10.1007/978-3-662-62377-0_7

der Dienstleistung. Würden die Daten nicht transparent verarbeitet, seien die Airlines nicht in der Lage, einen etwa gemeldeten Reparaturbedarf nachzuvollziehen. Allerdings: Wenn eine Fluggesellschaft einen solchen Dienstleistungsvertrag mit einem anderen Unternehmen abschließt, so könnte doch eigentlich unterstellt werden, dass alle Beteiligten sich in Kenntnis der Bedingungen auf diese Geschäftsbeziehung eingelassen haben. Folglich könnte man sich fragen, was vorliegend dann überhaupt das Problem ist. Eine Besonderheit jedoch, nämlich die Verbindung von Maschinenhersteller und Plattformbetreiber, führt hier zu der eigentlichen und viel grundsätzlicheren Frage: Wem gehören die Daten, die durch die Nutzung einer Maschine entstehen? Darf der Zugriff untersagt werden? Wenn ja, wem und durch wen?

Im Übrigen zeigt der Umstand, dass hier überhaupt Uneinigkeit herrscht und diskutiert wird, dass vorliegend im Großen und Ganzen gleichberechtigte Parteien aufeinandertreffen und ein Wettbewerb besteht. Beispielsweise haben auch der US-amerikanische Flugzeughersteller Boeing (der neben Airbus für Lufthansa produziert) und die LHT selbst ähnliche Systeme entwickelt (vgl. auch Oldenburg). Dies ist aber nicht überall so. Auch in Branchen, in denen die Nutzer von Maschinen keine Fluggesellschaften sind, sondern Einzelpersonen wie etwa Landwirte oder Autofahrer, wird das Potenzial der durch die Maschinen generierten Daten, erkannt und genutzt. Ob man überhaupt als Maschinennutzer Einfluss auf den Vertragsinhalt nehmen kann, der mit dem Maschinenhersteller und/oder Plattformbetreiber abgeschlossen wird, ist also mindestens genauso relevant wie die Frage, welche Regelungen getroffen werden sollten, um der Interessenlage zu entsprechen.

Die Thematik Datenhoheit/Datenverfügbarkeit, die auch die aufgeworfenen Fragen beinhaltet, bildet den Fokus dieses Beitrags. In Abschn. 2 erfolgt zunächst eine Darstellung der gegenwärtigen Rechtslage, eine Auseinandersetzung mit vertraglichen Ausgestaltungsmöglichkeiten beziehungsweise zwingender Grenzen hierbei sowie eine Identifizierung teilweise bestehender Regelungslücken und ihrer möglichen Folgen. In diesem Zusammenhang wird die Bedeutung der verschieden ausgeprägten Machtverhältnisse in unterschiedlichen Branchen relevant.

In Abschn. 3 wird aufgezeigt, welche weitergehenden Fragen (wie beispielsweise Beschäftigtendatenschutz oder Haftung für durch fehlerhafte Daten entstandene Schäden) in diesem Zusammenhang relevant werden können. Die Hintergründe, Interessenlage und mögliche Folgen für die vertragliche Ausgestaltung zwischen den Parteien werden kurz beleuchtet. An dieser Stelle noch ein Hinweis: Die dargestellten Fallkonstellationen sollen dazu dienen, das angesprochene Problem zu veranschaulichen. Im Interesse der Übersichtlichkeit wird die Rechtslage in Bezug auf die für die jeweilige Betrachtung nicht relevanten Tatbestandsmerkmale daher vereinfacht und nicht in all ihren juristischen Details wiedergegeben, auf diese wird in den entsprechenden Fußnoten hingewiesen.

Nach einer zusammenfassenden Darstellung des identifizierten Handlungsbedarfs erfolgt in Abschn. 4 eine Auseinandersetzung mit verschiedenen Lösungsmöglichkeiten und bereits existierenden Vorschlägen.

2　Datenhoheit

Das Beispiel Airbus/Lufthansa zeigt anschaulich die bestehende Problemlage: Trotz ihrer wirtschaftlichen Bedeutung sieht die Rechtsordnung kein Eigentumsrecht oder ein vergleichbares absolutes Recht an Daten vor. Dies mag auf den ersten Blick verwundern, denn die Bedeutung von Daten als Wirtschaftsgut wird seit Jahren in Politik und Wirtschaft hervorgehoben. In der Debatte werden Daten häufig als das „Öl des 21. Jahrhunderts" bezeichnet. Bei dieser Metapher wird jedoch regelmäßig die Natur von Daten verkannt. Anders als Rohstoffe sind Daten kein knappes Gut, nicht verbrauchbar und im Übrigen beliebig häufig vervielfältigbar. Die Schaffung eines Dateneigentums wurde auf politischer Ebene zeitweise in Erwägung gezogen (vgl. zum Beispiel den Koalitionsvertrag zwischen CDU, CSU und SPD 2018) und (auch auf europäischer Ebene) intensiv evaluiert (vgl. Barbero et al. 2017; Arbeitsgruppe „Digitaler Neustart" der Justizministerkonferenz 2017), bislang ohne Ergebnis. Aus diesem Grund lohnt es sich, einen Blick auf den rechtlichen Status Quo zu werfen. Wie nachfolgend gezeigt wird, gibt es eine Reihe gesetzlicher Vorschriften, welche Daten beziehungsweise die darin enthaltenen Informationen oder Inhalte schützen und einem Rechtssubjekt in dem jeweiligen gesetzgeberischen Kontext Verfügungsrechte gewähren.

2.1　Dateneigentum

In Bezug auf die zivilrechtliche Behandlung von Daten ist zunächst festzustellen, dass die Vorschriften des Bürgerlichen Gesetzbuches (BGB) kein Eigentumsrecht an Daten vorsehen. Das betrifft sowohl Einzeldaten als auch den Gesamtbestand von Daten, etwa in Form einer Datenbank. Daten sind keine körperlichen Gegenstände (§ 90 BGB) und daher den sachenrechtlichen Regelungen des BGB nicht zugänglich. Die Zuweisung von Daten erfolgt also im Grundsatz rein faktisch: Derjenige, der technisch in der Lage ist, auf Daten zuzugreifen und diese zu verarbeiten, kann dies tun. Ausnahmen hiervon können sich aus einzelnen Gesetzen ergeben, die je nach Regelungszweck eine bestimmte Art von Daten erfassen oder eine konkrete Schutzrichtung haben, etwa das Urheberrecht, das Gesetz zum Schutz von Geschäftsgeheimnissen (GeschGehG) oder die Regelungen des Datenschutzrechts. Die Nutzung von Daten kann darüber hinaus auch durch vertragliche Vereinbarungen beschränkt werden.

2.2　Urheberrechtlicher Schutz von Daten und Datensammlungen

Das Urheberrecht dient dem Schutz von kreativen Leistungen und gewährt dem Urheber für einen begrenzten Zeitraum weitgehende Verwertungsrechte. Voraussetzung ist jedoch stets das Vorliegen einer persönlichen geistigen Schöpfung (§ 2 Abs. 2 UrhG). Notwendig ist hierfür ein menschlicher Schaffensprozess. Diese „anthropozentrische Ausrichtung des Urheberrechts" (Wandtke 2019) führt dazu, dass rein maschinell generierte Erzeugnisse wie Daten keinen Urheberrechtsschutz genießen.[1] Möglich (und auch ausdrücklich gesetzlich vorgesehen) ist jedoch der Schutz von Datenbanken. Ein Datenbankwerk ist ein Sammelwerk, dessen Elemente systematisch oder methodisch angeordnet und einzeln, mit Hilfe elektronischer Mittel oder auf andere Weise, zugänglich sind (§ 4 Abs. 2 UrhG). Bei ungeordnet aneinandergereihten Rohdaten fehlt es in der Regel an einer systematischen oder methodischen Anordnung (vgl. OLG Köln 2006). Zu beachten ist, dass sich der Schutz lediglich auf die Struktur der Datenbank, nicht jedoch auf den Inhalt, also die Einzeldaten, bezieht. Zudem müssen Datenbankwerke (als Unterfall von Sammelwerken) aufgrund der Auswahl oder Anordnung der Elemente eine persönliche geistige Schöpfung sein (§ 4 Abs. 1 UrhG). Das bedeutet, dass die wesentlichen Merkmale der Datenbank durch einen Menschen vorgegeben sind und die Datenbank eine gewisse Originalität aufweisen muss (vgl. EuGH 2012). Rein automatisierte erstellte Datenzusammenstellungen sind folglich kein Datenbankwerk im Sinne von § 4 Abs. 2 UrhG.

Daneben können Daten (mittelbar) als Teil einer Datenbank durch das Recht des Datenbankherstellers geschützt sein (§§ 87a ff. UrhG). Dieses ebenfalls im UrhG geregelte Leistungsschutzrecht kommt dem Hersteller einer Datenbank zugute und schützt die Investition in den Aufbau und die Pflege der Datenbank. Wie beim urheberrechtlichen Datenbankwerk werden Einzeldaten nicht geschützt, sondern lediglich die Datenbank in ihrer Gesamtheit. Anders als beim Datenbankwerk nach § 4 Abs. 2 UrhG ist keine zugrunde liegende geistige Schöpfung erforderlich. Notwendig ist aber, dass die Beschaffung, Überprüfung oder Darstellung eine nach Art oder Umfang wesentliche Investition erfordert. Der Hersteller einer Datenbank kann sich gegen die Übernahme seiner Datenbank als Ganzes oder wesentlicher Teile des Inhalts der Datenbank zur Wehr setzen. Von praktischer Bedeutung ist dabei der Umstand, ab welchem (quantitativen) Schwellenwert von einer wesentlichen Entnahme die Rede ist. Der BGH geht davon aus, dass es sich bei einem Anteil von 10 % des Gesamtdatenvolumens der Datenbank noch nicht um einen wesentlichen Teil der Datenbank im Sinne von § 87b Abs. 1 UrhG handelt (vgl. BGH 2010). Zielen jedoch wiederholte Entnahmen darauf ab, die Datenbank insgesamt oder einen nach Art oder Umfang wesentlichen Teil zu verwerten, liegt ein Eingriff in die Rechte des Datenbankherstellers vor (BGH 2010).

2.3 Schutz von Geschäftsgeheimnissen

Gerade im Kontext von maschinengenerierten Daten nimmt der Schutz von Betriebs- und Geschäftsgeheimnissen eine immer wichtigere Rolle ein. Daten können Aufschluss über sensible Unternehmensvorgänge geben, wie etwa die betriebliche Auslastung und damit gegebenenfalls die Auftragslage. Bislang wurden

---

[1] Das gilt auch für Erzeugnisse, die durch künstliche Intelligenz geschaffen wurden, sofern die KI (und nicht der Mensch) den Schaffensprozess maßgeblich beeinflusst (vgl. Ehinger/ Stiemerling 2018).

Betriebs- und Geschäftsgeheimnisse durch die Regelungen des Gesetzes gegen den unlauteren Wettbewerb (UWG) geschützt. Mit dem Gesetz zum Schutz von Geschäftsgeheimnissen (GeschGehG), welches im April 2019 in Kraft getreten ist, ergeben sich weitreichende Änderungen. Das GeschGehG dient dem Schutz von Geschäftsgeheimnissen vor unerlaubter Erlangung, Nutzung und Offenlegung (§ 1 GeschGehG). Geschäftsgeheimnis ist eine Information, die geheim (und daher von wirtschaftlichem Wert) ist, durch angemessene Geheimhaltungsmaßnahmen geschützt wird und bei der ein berechtigtes Interesse an der Geheimhaltung besteht (§ 2 Nr. 1 GeschGehG). Liegen diese Voraussetzungen vor, gewährt das GeschGehG Schutz vor unberechtigter Erlangung, Nutzung oder Offenlegung, indem es dem geschädigten Unternehmen weitreichende Ansprüche gegen den Rechtsverletzer zugesteht (vgl. §§ 6 ff. GeschGehG). Betrachtet man die genannten Voraussetzungen im Einzelnen, wird in der Praxis der Nachweis der Einhaltung von angemessenen Geheimhaltungsmaßnahmen am schwersten zu führen sein. Denn hierzu gehören nicht nur technische, sondern auch organisatorische und rechtliche Maßnahmen. Das Gesetz selbst legt jedoch nicht fest, welche Maßnahmen zum Schutz von sensiblen Informationen konkret ergriffen werden müssen. Es liegt daher bei den Unternehmen, ihre Informationen zu klassifizieren und bei Annahme einer hohen Schutzbedürftigkeit risikoadäquate Schutzmaßnahmen zu ergreifen. Im Falle einer Rechtsverletzung muss das betroffene Unternehmen nachweisen können, dass die getroffenen Geheimhaltungsmaßnahmen angemessen waren.

Werden sensible Betriebsdaten an eine Plattform weitergegeben – weil dies zur Erfüllung des Vertragszwecks erforderlich ist –, ist sicherzustellen, dass der Plattformbetreiber ebenfalls die notwendigen Geheimhaltungsmaßnahmen gewährleistet. Im Rahmen der Vertragsgestaltung ist darauf hinzuwirken, dass der Plattformbetreiber entsprechende technische und organisatorische Schutzmaßnahmen ergreift.

2.4 Datenschutzrecht

Mit der unmittelbaren Geltung der EU-Datenschutzgrundverordnung (DSGVO) seit Mai 2018 hat zudem der Datenschutz an Bedeutung gewonnen. Kommt es zu einer Verarbeitung von personenbezogenen Daten, ist der Anwendungsbereich des DSGVO regelmäßig eröffnet. Personenbezogene Daten sind alle Informationen, die sich auf eine identifizierte oder identifizierbare Person beziehen (Art. 4 Nr. 1 DSGVO). Dabei kann sich die Zuordnung zwischen Information und Person direkt oder indirekt ergeben. Im betrieblichen Kontext können oftmals anhand von Maschinen- oder Standortdaten Rückschlüsse auf die dahinterstehende Person, wie etwa den die Maschine bedienenden Arbeitnehmer oder den Fahrzeugführer (hierzu siehe unter Abschn. 3.2), gezogen werden.

Zwar sehen die Vorschriften der DSGVO kein Dateneigentum an personenbezogenen Daten vor, dennoch kann der Betroffene im begrenzten Rahmen Einfluss auf die Datenverarbeitung nehmen. Die DSGVO gewährt in diesem Zusammenhang etwa das Recht auf Auskunft, Berichtigung, Löschung und Einschränkung der Verarbeitung (Art. 15–18 DSGVO). Weisen die verarbeiteten Daten tatsächlich keinerlei Personenbezug auf, findet die DSGVO keine Anwendung.

2.5 Vertragsrecht

Der bisherige Beitrag hat gezeigt, dass die bestehende Rechtsordnung Daten nur fragmentarisch schützt. Die genannten Normen begründen zwar kein Dateneigentum im eigentlichen Sinne, sie gewähren dem jeweilig Berechtigten im begrenzten Rahmen aber eine faktische Exklusivität an Daten bzw. Datensammlungen. Zur Gewährleistung einer vollumfänglichen Datenhoheit ist man in der Praxis zumeist auf vertragliche Regelungen angewiesen. Der Vorteil einer vertraglichen Regelung ist ohne Zweifel deren Flexibilität. Die vertraglichen Rechte und Pflichten der Parteien können entlang der jeweiligen Interessenslagen individuell ausgehandelt werden. Hierbei gilt der Grundsatz der Vertragsfreiheit. Das bedeutet, dass es den Vertragsparteien – vorbehaltlich der vorangehend dargestellten gesetzlichen Grenzen – grundsätzlich selbst überlassen ist, Datenzugangs- und Datennutzungsrechte zu regeln. Der hierdurch entstehende Handlungsspielraum kann aus Sicht des Wettbewerbs zugleich nachteilig sein. Denn es besteht die Gefahr, dass Unternehmen ihre Marktmacht einsetzen und sich umfangreiche Datenzugangs- und Datennutzungsrechte einräumen lassen (so auch Vogel 2020, der in diesem Zusammenhang auch von der Gefahr der Entstehung von Datenmonopolen spricht, siehe Abschn. 4). Hiervon betroffen wären vor allem kleine und mittlere Unternehmen, die in vertikalorientierten Wertschöpfungsketten in der Regel unterlegen sind.

Die Vertragsgestaltung kann darüber hinaus sehr aufwändig sein. Leistungspflichten in Bezug auf datenbezogene Prozesse lassen sich nur schwerlich in die gesetzlich vorgesehenen Vertragstypen einordnen. Die klassischen Vertragstypen können daher lediglich Grundlage für individuell ausgehandelte Vertragswerke sein (vgl. Körber/König 2020). Die Vertragsparteien können datenbezogene Pflichten in einem allgemeinen Vertrag aufnehmen (etwa im Rahmen eines Kauf- oder Wartungsvertrags) oder aber in einem gesonderten Vertrag regeln (vgl. Hoeren/Uphues 2020). Der Vertrag sollte den Leistungsgegenstand genau bezeichnen. Es muss also festgelegt werden, welche Daten konkret übermittelt werden und wer welche Leistungen erbringen muss. Neben der Festlegung eines Nutzungszwecks sollte auch der Umfang der Nutzungsrechteeinräumung bestimmt werden, also, was genau der Empfänger mit den Daten machen darf und ob er – hat er die Daten einmal erhalten – andere von der Nutzung ausschließen darf.[2] Aus Sicht des Maschinennutzers, des „Kunden" im o. g. Beispiel, ist eine Regelung vorzugswürdig, nach welcher er selbst weiterhin auf die Daten zugreifen darf. Je nach Konstellation kann es sogar interessengerecht sein, diese offen verfügbar zu machen (vgl. Vogel 2020, der hierin ein mögliches Mittel zur Vermeidung der Entstehung von Datenmonopolen sieht). Auf der anderen Seite kann es gerade bei unternehmenssensiblen Daten geboten sein, Pflichten hinsichtlich der Datensicherheit festzulegen (siehe Abschn. 2.3).

Auch kann es notwendig sein, den technischen Ablauf des Datentransfers genau festzulegen, beispielsweise, Schnittstellen und Datenformate zu bestimmen und etwaige Mitwirkungspflichten der Vertragspartner zu benennen (vgl. Hoeren/Uphues 2020).

---

[2] In Betracht kommt die Einräumung eines ausschließlichen oder eines einfachen Nutzungsrechts.

Neben den bereits genannten spezialgesetzlichen Schutzrechten, aus denen sich Grenzen ergeben, existieren weitere allgemeine gesetzliche Regelungen zum Schutz vor allem der in manchen Konstellationen typischerweise unterlegenen beziehungsweise schwächeren Vertragspartei. Zu nennen sind in diesem Zusammenhang vor allem § 138 BGB, wonach ein „sittenwidriges" Rechtsgeschäft nichtig ist, sowie die Beschränkungen des Rechts der allgemeinen Geschäftsbedingungen (AGB, geregelt in §§ 305 ff. BGB). AGB sind „alle für eine Vielzahl von Verträgen vorformulierten Vertragsbedingungen, die eine Vertragspartei (Verwenderin) der anderen Vertragspartei bei Abschluss eines Vertrags stellt" (§ 305 BGB). Werden AGB wirksam in den Vertrag einbezogen, unterliegen die dort enthaltenen Bestimmungen der Inhaltskontrolle gemäß § 307 BGB. Dies hat zur Folge, dass Bestimmungen unwirksam sind, wenn sie den Vertragspartner entgegen den Geboten von Treu und Glauben unangemessen benachteiligen. Die in den genannten Normen enthaltenen sogenannten unbestimmten Rechtsbegriffe wie „unangemessene Benachteiligung" oder „gute Sitten" entfalten ihre volle Wirksamkeit allerdings erst bei richterlicher Konkretisierung durch die Bildung von Fallgruppen und sind bis dahin eher ungeeignet, für Rechtssicherheit zu sorgen.

Die Vertragsfreiheit kann schließlich aber auch durch das Wettbewerbsrecht beschränkt sein. Die Einräumung von Datenrechten kann in diesem Zusammenhang kartellrechtliche Implikationen aufweisen (vgl. hierzu im Detail Körber/König 2020). Durch Art. 101 Abs. 1 AEUV werden insbesondere Vereinbarungen zwischen Unternehmen untersagt, welche geeignet sind, den Wettbewerb zu beeinträchtigen und zu einer Verhinderung, Einschränkung oder Verfälschung des Wettbewerbs führen. Dies betrifft vor allem Unternehmen, die auf horizontaler Ebene miteinander kooperieren; hier müssen die vertragliche Vereinbarung auf ihre wettbewerbsrechtliche Kompatibilität hin überprüft werden. Die wettbewerbsrechtlichen Missbrauchsverbote wie zum Beispiel § 19 GWB schließlich dienen dazu, den unterlegenen Vertragspartner vor benachteiligenden Vereinbarungen zu schützen, die der andere Vertragspartner nur aufgrund seiner beherrschenden Marktstellung durchsetzen kann.

3   Weitergehende Fragen in diesem Zusammenhang

3.1   (Beschäftigten-) Datenschutz

Dort wo Menschen mit Maschinen interagieren, können potenziell auch personenbezogene Daten anfallen. Dabei handelt es sich um Informationen, die einen direkten oder indirekten Bezug zu einer Person (in diesem Fall zu einem Beschäftigten) zulassen. Diese Daten sind durch die Vorgaben der DSGVO in ihrer Verkehrsfähigkeit erheblich eingeschränkt. Schon alleine zur Vermeidung der haftungsrechtlichen Folgen eines Verstoßes müssen die Vorgaben der DSGVO im Rahmen der Vertragsverhandlungen zwischen dem die Maschine nutzenden Unternehmen und dem Plattformbetreiber unbedingt beachtet werden.

Nach der DSGVO ist die Verarbeitung personenbezogener Daten nur unter bestimmten Voraussetzungen gestattet. In Art. 6 sind verschiedene Erlaubnistatbestände aufgezählt, die eine Datenverarbeitung legitimieren können, wie etwa die

Einwilligung oder die Datenverarbeitung aufgrund eines berechtigten Interesses. Bei der Verarbeitung von personenbezogenen Daten im Beschäftigtenkontext gewährt die DSGVO in Art. 88 den Mitgliedsstaaten zudem Handlungsspielraum. Deutschland hat im Rahmen dieser Öffnungsklausel die Vorschrift des § 26 BDSG geschaffen. Danach dürfen für Zwecke des Beschäftigungsverhältnisses personenbezogene Daten verarbeitet werden, wenn dies für die Begründung, Durchführung oder Beendigung des Beschäftigtenverhältnisses erforderlich ist. Daneben kann die Verarbeitung von Beschäftigtendaten auch durch eine Einwilligung oder eine Kollektivvereinbarung (z. B. eine Betriebsvereinbarung) legitimiert werden.

Die Einwilligung erweist sich dabei zumeist als ungeeignete Rechtsgrundlage. Zum einen muss die Einwilligung freiwillig erteilt werden, was wegen der wirtschaftlichen Abhängigkeit des Beschäftigten gegenüber dem Unternehmen nicht ohne Weiteres angenommen werden kann (vgl. im Detail hierzu Vogel/Klaus 2019). Zum anderen ist eine Einwilligung aufgrund ihrer jederzeitigen Widerrufbarkeit kein adäquates Mittel, um eine konstante rechtssichere Basis zu schaffen.

Vor diesem Hintergrund ist der Abschluss einer Kollektivvereinbarung nach § 26 Abs. 4 BDSG vorzugswürdig. Sofern im Unternehmen ein Betriebsrat besteht, muss bei der Implementierung von neuen Technologien ohnehin das in § 87 Abs. 1 Nr. 6 BetrVG angeordnete Mitbestimmungsrecht beachtet werden. Danach hat der Betriebsrat bei der Einführung und Anwendung von technischen Einrichtungen mitzubestimmen, die dazu geeignet sind, das Verhalten oder die Leistung der Arbeitnehmer zu überwachen. Die die betriebliche Mitbestimmung wahrende Betriebsvereinbarung kann so also gleichzeitig die Rechtsgrundlage für die Datenverarbeitung bilden.

3.2   Haftung für Folgeschäden

Im Rahmen der Beziehung zwischen Plattformbetreiber und Kunden ist nicht nur die Klärung von Datenhoheit und Zugriffsrechten, sondern auch die Qualität der Daten selbst entscheidend (vgl. Ensthaler et al. 2019; Gieschen et al. 2019). Wenn bestimmte Prozesse vom Ergebnis einer Datenverarbeitung abhängen oder die Datenverarbeitung Auslöser für weitere Schritte (beispielsweise, wie eingangs genannt, eine Reparatur) sein soll, können dem Kunden aufgrund fehlerhafter Werte oder fehlerhafter Übermittlung Folgeschäden entstehen. Dies können wirtschaftliche Einbußen durch eine infolge unterbliebener Wartung nicht funktionstüchtige Maschine, ein Produktionsstillstand bzw. Lieferengpässe, aber auch Gesundheit und Leben anderer Menschen sein.

Ist vertraglich nichts weiter vereinbart, ist die Rechtslage auf den ersten Blick eindeutig: Der Plattformbetreiber haftet für durch eine fehlerhafte Datenverarbeitung entstandene Schäden, sofern er diese zu vertreten hat,[3] also mindestens fahrlässig handelt, § 276 BGB. Ein Unternehmen muss sich hierbei unter den Voraussetzungen des § 278 BGB die Fahrlässigkeit seiner Mitarbeitenden zurechnen lassen. Problematisch aus Sicht des Kunden ist vorliegend also nicht, dass ihm keine

---

[3] Unabhängig von der Anspruchsgrundlage – in Betracht kommt hier eine Haftung aus Vertrag gem. § 280 BGB oder auch eine Haftung aus Delikt gem. 823 Abs. 1 BGB.

gesetzlichen Rechte zustehen würden, sondern die Frage, wann diese greifen. Wann ist eine Datenverarbeitung „fehlerhaft" und kann man dies in technischer Hinsicht immer zweifelsfrei feststellen? Wann kann man dem Plattformbetreiber fahrlässiges Handeln vorwerfen?

Nach § 276 Abs. 2 BGB handelt fahrlässig, wer die im Verkehr erforderliche Sorgfalt außer Acht lässt. Was erforderlich ist, wird anhand eines objektiven Maßstabs nach den im Verkehrskreis des Betroffenen üblichen Verhaltensanforderungen bestimmt (vgl. Schmidt 2020). Hier sollte vorab geklärt werden, wem welche möglichen Fehler zuzurechnen sind und das für diese Beurteilung erforderliche Maß an Transparenz und Informationsaustausch als vertragliche Nebenpflichten festgelegt werden. Ferner ist es innerhalb gewisser Grenzen möglich, eine gesetzlich vorgesehene Haftung vertraglich auszuschließen. Je nach Interessenlage und Verhandlungsmasse sollte also darauf hingewirkt werden, dies entweder herbeizuführen oder zu vermeiden. Die Vereinbarung eines Haftungsausschlusses für leichte Fahrlässigkeit des Plattformbetreibers etwa dürfte in dessen Sinne sein (vgl. Gieschen et al. 2019), aber natürlich eher weniger dem Interesse des Kunden entsprechen und von diesem soweit möglich verhindert werden.

3.3   Mangelgewährleistung und Beweislasten

Auch mit Blick auf die Darlegungs- und Beweislasten im Rahmen des schuldrechtlichen Gewährleistungsrechts könnte eine Konstellation, in der ausschließlich der Plattformbetreiber auf die Maschinendaten zugreifen kann und Einsicht in diese hat, aus Sicht des Kunden zu Unstimmigkeiten führen: Dem Kunden[4] als Nutzer der Maschine steht gegenüber dem Hersteller[5] bei einem Mangel am Vertragsgegenstand (bei Gefahrübergang) ein Recht auf Nacherfüllung zu, mit anderen Worten: Funktioniert die Maschine nicht, wie sie soll, kann der Kunde vom Hersteller verlangen, dass dieser den Fehler behebt, also die Maschine repariert[6]. Unabhängig vom konkret zugrunde liegenden Rechtsverhältnis kommt es letzten Endes auf einen Punkt entscheidend an: Auf den Ausschluss der Nacherfüllung bei Verantwortlichkeit des Gläubigers für den Fehler, vgl. § 323 Abs. 6 BGB. Auch hier muss mindestens Fahrlässigkeit vorliegen, um diese Verantwortlichkeit zu bejahen. Den Beweis dafür, dass der Kunde für den Fehler verantwortlich ist (etwa durch unsachgemäße Bedienung

---

[4] Die Bezeichnung „Kunde" steht hier entsprechend der eingangs skizzierten Konstellation stellvertretend für denjenigen, der nach dem konkreten Vertrag die Maschine besitzen soll; in Betracht kommen neben einem Kaufvertrag als weitere Vertragstypen auch Pacht oder Leihe beziehungsweise wie oben schon genannt ein Rechtsverhältnis sui generis.

[5] Dieser Anspruch besteht auch gegen einen Zwischenhändler, also allgemein gegenüber demjenigen, der dem Kunden die Maschine verschafft hat. Der Einfachheit halber und entsprechend dem Eingangsbeispiel wird im Folgenden von einem Verhältnis Hersteller – Nutzer ausgegangen.

[6] Auch dies gilt unabhängig vom konkret zugrunde liegenden Schuldverhältnis; im Folgenden wird stellvertretend auf die Regelungen des allgemeinen Schuldrechts zurückgegriffen.

der Maschine oder falsche Lagerung), muss der Hersteller als Schuldner des Gewährleistungsanspruchs erbringen und wird sich hierfür der Daten bedienen, die die Maschine ihm geliefert hat.

Diesbezüglich können unter anderem folgende Fragen relevant werden: Wie kann der Kunde dies widerlegen, wenn er nicht auf die Daten zugreifen kann? Darf sich zur Beweiserbringung Daten bedient werden, die Rückschlüsse auf den Arbeitnehmer und seine Arbeitsleistung zulassen? Gilt der Beweis durch anonymisierte Daten als erbracht?

4 Fazit

Es zeigt sich, dass die hier skizzierten Problemkonstellationen zum Teil bereits mit bestehenden Rechtsnormen gelöst werden können. Auch sind vertragliche Regelungen aufgrund ihrer Flexibilität eine gute Ergänzung in gesetzlich ungeregelten Bereichen. Dies gilt aber nur, soweit zwischen den Parteien annähernd gleiche Verhandlungspositionen herrschen. Die Vertragsnormen, die einen unterlegenen Vertragspartner benachteiligen, finden zwar ihre Grenze in den zwingenden Regelungen des Schuldrechts. Die darin enthaltenen unbestimmten Rechtsbegriffe benötigen allerdings eine gewisse Konkretisierung, um für Rechtssicherheit zu sorgen.

Welche konkreten Folgen die teilweise ungeklärte Rechtslage im Bereich der Datenhoheit für manche Branchen langfristig haben wird, ist nicht absehbar. Klar ist jedoch, dass eine bestehende Rechtsunsicherheit hemmend auf die wirtschaftliche Entwicklung wirkt und sei es nur durch einen zögerlichen Einsatz neuer Technologien. Teilweise wird auch vor der Gefahr der Entstehung von Datenmonopolen gewarnt (vgl. u. a. Vogel 2020).

Die gesetzliche Regelung eines Eigentums an Daten ist allerdings keine Lösung: Wie oben bereits kurz angesprochen, ist die dem Eigentum als absolutem Recht zugrunde liegende Interessenlage nicht mit derjenigen vergleichbar, die bei einer Rechtsbeziehung zu Daten als nichtkörperlichen Rechtsobjekten besteht (so auch Vogel 2020): Ein einzelnes Datum kann anders als ein verkörperter Gegenstand beispielsweise keine Wertminderung erfahren, wenn man es benutzt. Auch wenn man es vervielfältigt, bleibt es dasselbe Datum – dann in mehrfacher Ausführung. Unter anderem daran würde zudem die gesetzliche Festlegung der Kriterien, anhand derer eine Eigentümerschaft zugeordnet werden soll, wenn nicht scheitern, so zumindest sehr komplex werden. Durch die vielfältigen Entstehungsmöglichkeiten von Daten und die unterschiedliche Bedeutung eines Datums je nach Kontext, kann es beispielsweise in einer Situation richtig sein, die Eigentümerschaft nach dem Entstehungs- bzw. Schaffungsprozess zuzuordnen, in einer anderen Situation erscheint eine Zuordnung desselben Datums nach dem Kriterium der persönlichen Betroffenheit sachgerecht. Eine gesetzliche Regelung wäre entweder zu unbestimmt oder würde nicht jeden Fall erfassen oder müsste so kleinteilig sein, dass sie schwerlich handhabbar wäre.

Ein Ansatz ist die von Vogel 2020 vorgeschlagene Etablierung von Musterverträgen, deren Verwendung durch Selbstverpflichtungserklärungen sichergestellt werden könnte. So könnte die branchenspezifische Interessenlage jeweils optimal adressiert werden. Den unterlegenen Vertragspartner schützt dies natürlich nur, sofern er bei der Erstellung der jeweiligen Regelwerke maßgeblich beteiligt wird beziehungsweise seine Interessen angemessen vertreten werden. Flankiert werden könnte dies außerdem durch Zertifizierungssysteme, die nach außen hin sichtbar machen, welche Unternehmen sich zur Nutzung der Musterklauseln verpflichtet haben.

Die mögliche Korrektur unerwünschter vertraglicher Regelungen durch das Kartellrecht, auf die von der Justizministerkonferenz 2017 verwiesen wurde, ist ebenso durchaus denkbar, jedoch genauso wie die zwingenden vertragsrechtlichen Grenzen erst bei einer Konkretisierung der auch hier bestehenden unbestimmten Rechtsbegriffe[7] geeignet, für Rechtssicherheit zu sorgen. Diesbezüglich könnte gegebenenfalls eine Erleichterung des Zugangs zu den Gerichten und/oder ein zügigerer Verfahrensgang die richterliche Klärung beziehungsweise Konkretisierung durch die Etablierung von Fallgruppen herbeiführen. Dass dies möglich ist, zeigt beispielsweise das Arbeitsrecht: Aufgrund der existenziellen Bedeutung für den Einzelnen sind die Hürden für die Erhebung einer Kündigungsschutzklage niedriger als bei einer „normalen" zivilrechtlichen Klage. Das Arbeitskampfrecht wiederum ist ein gutes Beispiel dafür, wie ein (Teil-) rechtsgebiet fast ausschließlich richterrechtlich geprägt ist. Dadurch, dass die Rechtsprechung bestehendes Recht lediglich anwendet und auslegt und den gesetzlich vorgegebenen Rahmen anhand eines bestimmten Sachverhalts konkretisiert, kann sie flexibler und interessengerecht neue Entwicklungen berücksichtigen.

Literatur

Arbeitsgruppe Digitaler Neustart der Konferenz der Justizministerinnen und Justizminister der Länder – Bericht vom 15. Mai 2017

Barbero, M., Cocoru, D., Graux, H., Hillebrand, A., Linz, F., Osimo, D., Siede, A., Wauters, P.: Study on emerging issues of data ownership, interoperability, (re-)usability and access to data, and liability. Europäische Union (2017)

Beschluss der Konferenz der Justizministerinnen und Justizminister der Länder (2017)

Bundesgerichtshof (BGH), Urteil vom 01.12.2010 – I ZR 196/08

Ehinger, P., Stiemerling, O.: Die urheberrechtliche Schutzfähigkeit von Künstlicher Intelligenz am Beispiel von Neuronalen Netzen. In: Computer & Recht, S. 761–770. Verlag Dr. Otto Schmidt, Köln (2018)

Ensthaler, J., Haase, M., Straub, S., Gieschen, J.-H.: Bedeutsame Rechtsbereiche für die Smart Service Welt – Vermeidung von Haftung und Rechtsverstößen. In: Begleitforschung Smart Service Welt – iit – Institut für Innovation und Technik in der VDI/VDE (Hrsg.) Sichere Plattformarchitekturen – Rechtliche Herausforderungen und technische Lösungsansätze, S. 8–11. Berlin (2019)

Europäischer Gerichtshof (EuGH), Urteil vom 01.03.2012, C-604/10

---

[7] S. z. B. § 19 GWB: das Verbot der „missbräuchlichen Ausnutzung" einer marktbeherrschenden Stellung, die u. a. vorliegt, wenn dadurch ein anderes Unternehmen „unbillig behindert" wird.

Gieschen, J.-H., Seidel, U., Straub, S.: Rechtliche Herausforderungen bei Smart Services – Ein Leitfaden. In: Bundesministerium für Wirtschaft und Energie (Hrsg.) Begleitforschung zum Technologieprogramm Smart Service Welt. Bundesministerium für Wirtschaft und Energie, Berlin (2019)

Hoeren, T., Uphues, S.: Big Data in Industrie 4.0. In: Frenz, W. (Hrsg.) Handbuch Industrie 4.0.: Recht, Technik, Gesellschaft, S. 113–131. Springer, Berlin (2020)

Koenen, J.: In der Luftfahrt tobt der Kampf um die Datenhoheit. Handelsblatt (2019). https://www.handelsblatt.com/unternehmen/industrie/lufthansa-technik-und-airbus-in-der-luftfahrt-tobt-der-kampf-um-die-datenhoheit/24007658.html?protected=true. Zugegriffen: 12. Aug. 2020

Körber, T., König, C.: Vertragsrecht 4.0. In: Frenz, W. (Hrsg.) Handbuch Industrie 4.0.: Recht, Technik, Gesellschaft, S. 237–256. Springer, Berlin (2020)

Lufthansa Technik Homepage (2020). https://www.lufthansa-technik.com/. Zugegriffen: 12. Aug. 2020

Oberlandesgericht Köln (OLG Köln), Urteil vom 15.12.2006 – 6 U 229/0

Oldenburg, B.: Auf dem Weg zum Google der Lüfte. Innofrator (2020). https://www.innofrator.com/auf-dem-weg-zum-google-der-luefte/. Zugegriffen: 12. Aug. 2020

Schmidt, A.: Schuldrecht. In: Weber, C. (Hrsg.) Creifelds, Rechtswörterbuch. Beck, München (2020)

Vogel, P., Klaus, A.: Zulässigkeit der Verarbeitung von GPS-Daten im Arbeitsverhältnis. In: Stich, V., Schumann, J., Beverungen, D., Gudergan, G., Jussen, P. (Hrsg.) Digitale Dienstleistungsinnovationen, S. 393–496. Springer, Heidelberg (2019)

Vogel, P.: Datenhoheit in der Landwirtschaft 4.0. In: Gansdorfer, M. et al. (Hrsg.) Digitalisierung für Mensch, Umwelt und Tier. Referate der 40. GIL-Jahrestagung. Bd. Gesellschaft für Informatik, Bonn (2020)

Wandtke, A.A.: Urheberrecht, 7. Aufl. De Gruyter, Berlin (2019)

Intelligente Systeme für das Bauwesen: überschätzt oder unterschätzt?

Cordula Kropp[✉] und Ann-Kathrin Wortmeier

Universität Stuttgart, Seidenstr. 36, 70174 Stuttgart, Deutschland

{cordula.kropp,ann-kathrin.wortmeier}
@sowi.uni-stuttgart.de

Zusammenfassung. Der Einzug digitaler Technologien in die Baubranche verändert mit den Beziehungen zwischen Menschen und Maschinen auch die Handlungsfähigkeit der Beschäftigten. Neben Chancen auf Entlastung von schwerer Arbeit und eine verbesserte Repräsentation komplexer Bauwelten steht die Herausforderung, die hohen Sicherheits- und Qualitätsanforderungen für langlebige Bauprojekte ohne oder mit nur wenigen menschlichen Eingriffen zu erfüllen. Dafür kommt es auf eine kluge Integration von menschlicher und künstlicher Intelligenz an, bei der ausreichend Handlungsfähigkeit und -kompetenz auf Seiten der menschlichen Maschinensteuerung verbleibt. In unserem Beitrag diskutieren wir drei (Ideal-)Typen von Mensch-Maschine-Beziehungen und ihre Implikationen für Handlungsfähigkeit und Resilienz in künftigen Bauwelten. Dabei wird die Bedeutung vertrauenswürdiger und lernförderlicher Konfigurationen der Mensch-Maschine-Kooperationen herausgestellt.

Schlüsselwörter: Intelligente Bausysteme · Mensch-Maschine-Konfiguration · Verteilte Kontrolle

1 Intelligente Systeme zwischen Fluch und Segen

In den Jahren 2018 und 2019 stürzten zwei voll besetzte Passagierflugzeuge des Typs Boeing 737 Max 8 ab. Die viel beachtete Tragödie ließ sich auf eine schlechte Konfiguration der Mensch-Maschine-Beziehungen zurückführen. Ein automatisiertes Korrektursystem (Maneuvering Characteristics Augmentation System, MCAS) hatte die Flugzeuge fälschlicherweise in einen Sinkflug gelenkt und die Piloten konnten das Steuerungssystem nicht unter Kontrolle bringen. Die Boeing 737 ist seit mehr als 50 Jahren das weltweit am meisten genutzte Flugzeug. Der treibstoffsparende Typ mit der Zusatzbezeichnung „Max" wurde eingeführt, um die Wirtschaftlichkeit und Nachhaltigkeit zu verbessern. Dafür mussten die Triebwerke vergrößert und versetzt werden, wodurch das Risiko für einen gefährlichen Strömungsabriss stieg, den die MCAS-Software verhindern soll.

Nach ersten Berichten über Steuerungsprobleme stürzte am 29. Oktober 2018 eine fast fabrikneue Maschine ab, weil ein Sensor am Bug des Flugzeugs dem automatisierten Korrektursystem einen falschen Neigungswinkel meldete, die Automatik das Höhenleitwerk verstellte und die Flugzeugnase unwiderruflich nach unten

E. A. Hartmann (Hrsg.): *Digitalisierung souverän gestalten*, S. 98–117, 2021.
https://doi.org/10.1007/978-3-662-62377-0_8

drückte. Flugkapitän und Co-Pilot bemerkten die Gegensteuerung, konnten aber das intelligente System nicht überwinden und auch im Handbuch keine Problemlösung finden. Am 10. März 2019 stürzte das zweite Flugzeug ab, obwohl die Piloten, wie nach dem ersten Absturz empfohlen, die Trennschalter betätigt und insgesamt 26 Mal manuell den Sinkflug korrigiert hatten: Bei ihrem verzweifelten Kampf gegen die automatisierte Steuerung hatten sie die Geschwindigkeit so stark erhöht, dass am Ende die Kräfte am Heck zu groß waren. Seither ist der gesamte Luftraum für diesen Flugzeugtyp gesperrt.

In den aufschlussreichen Untersuchungen zeigten sich mehrere Probleme, die sowohl die technische Qualität, Integration und Auslegung der (teil-)autonomen Maschinen als auch die Information und Schulung der steuernden Menschen, Sicherheitsprinzipien und darüber hinaus die institutionelle Aufsicht betreffen. So hatte Boeing bei der amerikanischen Sicherheitsbehörde eine schnelle Zulassung ohne aufwendige, externe Prüfverfahren mit viel Druck und dem Argument erzwungen, es handele sich nur um geringfügige Veränderungen an einem bekannten Flugzeugtyp. Die Anfrage einer ausländischen Fluggesellschaft nach Trainingsprogrammen wurde mit der Begründung abgelehnt, diese würden dem Unternehmen eine schwierige und unnötige Belastung aufbürden. Erstkunden hatte Boeing sogar eine Erstattung von einer Million Dollar versprochen, sollte die Aufsichtsbehörde Simulatorschulungen für Piloten vorschreiben. Erfahrene Ingenieurinnen und Ingenieure wundern sich über den ungewöhnlichen Mangel an Redundanz, durch den ein intelligentes Kontrollsystem, das ein Flugzeug zum Absturz bringen kann, von einem einzigen und extern störbaren Sensor abhängt. Ein Grund hierfür mag sein, dass Boeing die Entwicklungskosten im vergangenen Jahrzehnt deutlich reduziert hat, sodass wenige Ingenieurinnen und Ingenieure unter hohem Zeitdruck und mit vielen extern vergebenen Entwicklungsschritten technische Anpassungen vornahmen, die vor allem an Wirtschaftlichkeit und Wettbewerbsfähigkeit gemessen wurden. In den Untersuchungen zu den Unfällen wird auch bemängelt, dass die Software im Cockpit insgesamt zu wenig integriert sei, wodurch sich weitere Softwarefehler herausstellten.

Tatsächlich machen Automatisierung und digitale Technologien das Fliegen schon seit Ende des 19. Jahrhunderts sicherer und zugleich komplizierter (Lausen 2020). Während die menschlichen Akteure im Cockpit als potenzielle Fehlerquellen betrachtet und reduziert wurden, repräsentiert der Autopilot im Volksmund die Leistungen der maschinellen Eigensteuerung. Die damit im Cockpit bewirkte Verschiebung der Handlungsgewichtung zwischen (teil-)autonomen Maschinen und menschlichen Akteuren wurde zu einem wichtigen Thema der Techniksoziologie und lenkte den Blick auf die „verteilte Steuerung" und riskante „Governance" von automatisierten und robotischen Systemen (Rammert, Schulz-Schaeffer 2002; Rammert 2016; Weyer 2007; Weyer, Cramer 2007). Wir haben das Verhängnis der Boeing 737 Max als Eingangsbeispiel für die Untersuchung von Mensch-Maschine-Verhältnissen gewählt, weil es die wesentlichen Merkmale hybrider Netzwerke verdeutlicht.

Da ist zunächst die seit vielen Jahren beobachtete Verschiebung von „Handlungsfähigkeit" (oder Handlungsträgerschaft, „agency"), die nicht länger nur beim Menschen als Entscheider zu suchen, sondern auf die verschiedenen Komponenten intelligenter Systeme verteilt ist (Rammert 2016). Diese Verteilung ist weder gleichmäßig noch stabil, sondern hängt von der konkreten Konfiguration der Systeme, ihrer Komplexität und ihren Wechselbeziehungen (Relationen) ab (Suchman 1998). In dieser Gemengelage gelten insbesondere inter- und transaktive Maschinen wie Computer, Roboter und Künstliche Intelligenz (KI), die den passiven Werkzeugcharakter zugunsten neuartiger Grade maschineller Handlungsautonomie hinter sich lassen (Rammert, Schulz-Schaeffer 2002: 49), gleichzeitig als „autonom", „intelligent" und „überlegen" sowie als „unterstützend" und „determiniert". Die Zurechnung von Handlungsfähigkeit und Handlungsgewichten ist also keineswegs selbstverständlich, sondern offensichtlich eine Frage der Perspektive – operativ und theoretisch.

In intelligenten Systemen wie automatisierten Verkehrssystemen oder cyberphysischen Bauprozessen koordinieren sich physische, elektronische und digitale Komponenten über eine gemeinsame Dateninfrastruktur selbstständig und kontextbezogen, sodass vielfältige, digital vermittelte Interaktionen von Menschen, Maschinen und Programmen entstehen. Bei der Betrachtung derartiger Systeme spielt die Kontrollfrage – und damit verbunden die Frage nach Verantwortung – eine wichtige Rolle (Grote 2015: 135). Unter Kontrolle wird die Macht verstanden, eine Situation so zu beeinflussen, dass sie sich in einer Weise entwickelt oder bleibt, die vom kontrollierenden Agenten vorgegeben wird (Flemisch et al. 2016: 73). Allerdings sind die Kontrollverhältnisse in intelligenten Systemen komplex und involvieren verschiedene Agenten, deren Handlungsträgerschaft nicht nur das Fliegen, sondern auch das Bauen zunehmend bestimmt.

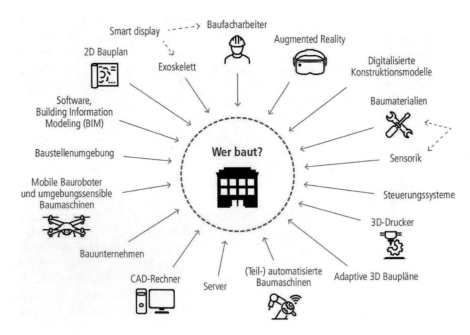

Abb. 1. Verteilte Kontrolle zwischen Mensch, Maschine und Programm. (Eigene Darstellung in Analogie zu Rammert 2016: 175)

Als verteilte Kontrolle („shared control") wird dementsprechend der Umstand bezeichnet, dass sich die menschlichen und technischen Agenten eines intelligenten Systems nicht nur die Aufgaben (Mensch-Maschine-Kooperation), sondern auch die Steuerung und gegebenenfalls eben auch die Kontrolle der Ausführung teilen. In allen Arbeitsprozessen sind Kontrollfragen heikel, meist kritisch und folgen bei den verschiedenen Beteiligten unterschiedlichen, mitunter auch widersprüchlichen Rationalitäten. Auch in Mensch-Maschine-Interaktionen teilen die Beteiligten die Kontrollstrategien und -orientierungen nicht bruchlos. Deshalb werden intelligente Systeme unter Bedingungen von shared control als „hybride Netzwerke" (Callon, Latour 1981; Latour 1995; Lausen 2020: 17; Rammert 2016: 175) beschrieben, in denen Menschen, Maschinen und Programme so eng interagieren, dass letztlich unklar ist, wer oder was steuert oder funktioniert (vgl. Abb. 1).

In diesen Netzwerken sind von keinem Punkt aus alle Elemente und ihre „Handlungsfähigkeiten" vollständig bekannt, weil schon die Vielfalt der Systeme, Anbieter und Versionen, erst recht aber die komplexe Interdependenz menschlicher Akteure und (teil-)autonomer Maschinen ohne abgestimmte Governance (Weyer, Cramer 2007) eine fragmentale Organisation verursachen. Hinzu kommt die Abhängigkeit der offenen Systeme von übergeordneten Steuerungs- und Kommunikationsstrukturen wie Flugsicherungs- und Antikollisionsdiensten oder Rechenprotokollen. Im Ergebnis muss jede Kontrollstrategie mit einer Unbestimmtheit der Interaktionsergebnisse und deren nicht vorherschbarer Interdependenz mit weiteren Kontrollagenten rechnen, die weder technisch noch menschlich „stabil" sind, sondern variablen „Intuitionen" und Situationsbewertungen menschlicher und maschineller Art folgen. So beeinflussen beispielsweise Wetterlage und Wetterdaten sowohl die Wahrnehmung der Sensoren als auch die der Pilotinnen und Piloten. Semantisch besteht zwar die Unterscheidung von Mensch und Maschine trotz der verflochtenen Handlungs- und Kontrollfähigkeit fort, aber analytisch kann sie aufgrund der Verschränkungen nicht aufrechterhalten werden. Vielmehr kommt es in intelligenten Systemen zu wechselseitigen Beobachtungen aller Komponenten, sodass neben menschlichen Akteuren auch Maschinen, Sensoren und Programme aus ihren jeweiligen Beobachtungswinkeln entlang digital oder neuronal programmierter Möglichkeiten Interaktionsergebnisse wahrnehmen und interpretieren. Alle Elemente eines intelligenten Systems berücksichtigen unter Umständen die erkennbaren Wahrnehmungen anderer Systemkomponenten und reagieren entsprechend – oder sie reagieren nicht. Handlungs- und Kontrollfähigkeit, Wahrnehmung, Intelligenz und in der Folge auch Adaptivität und Reaktivität sind also relational und verteilt, aber keineswegs gleichsinnig!

Das systemtheoretisch beschriebene Problem der doppelten Kontingenz führt auch in Mensch-Maschine-Interaktionen zur Bedeutungszunahme stabiler Erwartungssicherheiten, die sich meist ungeplant herausbilden. Die doppelte Kontingenz besteht in der zweiseitig unsicheren Auswahl von Handlungsoptionen[1], die nicht festgelegt

---

[1] In hybriden Netzwerken werden mehrere intelligente Systeme kombiniert und dadurch verschiedene Beziehungen und funktionsbezogene Kopplungen möglich, sodass hohe Komplexität, kontingente Handlungsoptionen und symbolisch bzw. digital vermittelte Kommunikation die Mensch-Maschine-Interaktionen kennzeichnen und, wie Werner

sind, sondern, je nachdem, was Alter (Pilot) und Ego (MCAS) selbst wahrnehmen und dem anderen zuschreiben, in der ein oder anderen Weise erfolgen oder unterlassen werden können. Weil die Möglichkeiten vielfältig und die notwendigen Informationen meist mehrdeutig und nur partiell verfügbar sind (Grote 2015: 132), dienen emergente Erwartungssicherheiten („das ist wieder dieser Fehler") zur Kontingenzreduktion und überbrücken die Unsicherheiten ungeklärter Handlungsregeln. Für die Genese der hochrelevanten Erwartungssicherheiten, aus denen menschliche Akteure Handlungs- und Kontrollvermögen schöpfen, ist eine prinzipielle Vertrautheit mit den zugrunde liegenden Prozessen und Problemlösungsmustern unverzichtbar. Fehlen aber, wie im Fall der Boeing 737 Max, der Einblick in die Systemarchitektur, geeignete Schulungen, Trainings und Interpretationshilfen oder wird gar eine falsche Ver- trautheit suggeriert, so als steuerten die Piloten den altbekannten Typ, sind über die vielbeschriebenen „Ironien der Automatisierung" (Bainbridge 1983) hinaus Fehlleistungen, Unfälle und eine zunehmende Belastung aller Beteiligten bis hin zur Katastrophe vorgezeichnet. Ob intelligente Systeme als Fluch oder Segen zu betrachten sind, hängt daher wesentlich davon ab, wie gut es gelingt, maschinelle und menschliche Intelligenz zu verknüpfen. Aus einer gesellschaftlichen Perspektive liegen die Grenzen der Einführung automatisierter Systeme deshalb weniger in der technischen Machbarkeit oder der sozialen Akzeptanz als darin, „dass Menschen die Systemziele bestimmen und für ihr Erreichen sowie alle dabei entstehenden positiven wie negativen Folgen verantwortlich sind" (Grote 2015: 135).

2   Das Versprechen intelligenter Systeme in der Bauwirtschaft

Für die Bauindustrie versprechen cyber-physische Systeme die Verknüpfung der digitalen Bauplanung mit robotischen Bauprozessen bis hin zur algorithmischen Überwachung von Gebäude(teile)n. Dafür wird die Bauwertschöpfungskette von der Planung über die Vorfertigung und die Ausführung auf der Baustelle bis zur Gebäudebewirtschaftung digital abgebildet und in einer Software mit Echtzeitdaten der unterschiedlichen Prozesse vernetzt (Building Information Modeling, BIM) oder auch anhand digitaler Zwillinge gesteuert. Hochgesteckte Erwartungen gehen dahin, zukünftig mit integrativen computerbasierten Entwurfs- und Fertigungs- methoden (computational design) die Wechselwirkungen zwischen Bauformen und -strukturen, Materialeigenschaften und (additiven, robotischen) Fertigungsverfahren flexibel berücksichtigen zu können, um sehr viel leistungsfähigere Material- und Bausysteme zu ermöglichen, die sich optimal an den projektspezifischen Randbe- dingungen orientieren (Menges et al. 2020). Auf der Baustelle der Zukunft bauen

---

Rammert (2007: 32 f.) herausgestellt hat, an den Schnittstellen die Wahlmöglichkeiten und Rückkoppelungen sowie die Möglichkeiten „für die Kommunikation über Zustände und Anweisungen so unermesslich [wachsen], dass differenzierende Dialoge geführt und der anderen Seite Interaktionsfähigkeit zugerechnet" werden.

dann Fachkräfte unterstützt von Exoskeletten und AR-Brillen, die adaptive 3D-Pläne visualisieren, im permanenten Dialog mit entsprechender Sensorik und Steuerungssystemen gemeinsam mit Roboter-Fertigungsplattformen, 3D-Druckern sowie umgebungssensiblen Baumaschinen mit integrierten Kameras und können auch auf sich änderndes Materialverhalten reagieren (vgl. Abb. 1).

Wenn cyber-physische Systeme aber mit besonderen Risiken und Unwägbarkeiten der Koordination und Kontrolle einhergehen, was motiviert ihre Nutzung in einem Sektor mit sehr langlebigen Produkten und entsprechend hohen Sicherheits- und Qualitätsanforderungen? Und wie sollte ihre Implementation konfiguriert sein, um die versprochenen Vorteile der computerbasierten Entwurfs- und Bauprozesse umfassend auszuschöpfen, ohne auf lange Sicht menschliche Reaktions- und Handlungsfähigkeit sowie das Erreichen baupolitischer und gesellschaftlicher Ziele zu gefährden? Wir möchten zu einer Antwort auf diese Fragen beitragen, indem wir knapp das Versprechen der Nutzung intelligenter Systeme im Baubereich skizzieren und drei Typen der Mensch-Maschine-Konfiguration mit ihren Vor- und Nachteilen diskutieren, um Ansatzpunkte einer verantwortlichen Gestaltung von Mensch-Maschine-Kooperationen zu benennen.

Motiviert wird der Einsatz zum einen durch die Vorteile einer höheren Produktivität und Präzision cyber-physischer Bausysteme, die unermüdlich rund um die Uhr eingesetzt werden können, algorithmisch berechnete Bauteile ermöglichen und – entsprechend konfiguriert – auch die Sicherheit der Prozesse bei schlechtem Wetter und mit gefährlichen Baustoffen verbessern. Seit den Anfängen der numerischen, später computergestützten Steuerung von Werkzeugmaschinen (Computerized Numerical Control, CNC) steht die Digitalisierung von Produktionsprozessen für eine erheblich schnellere, präzisere und effizientere Serien- und auch Einzelfertigung, die zudem die Maschinenbedienenden von schweren und repetitiven Tätigkeiten zumindest teilweise entlastet. Eine Erhöhung der Produktivität, Präzision und Flexibilität erscheint gerade in der Baubranche angesichts der weltweit wachsenden Nachfrage und dem Wunsch nach architektonischen Einzellösungen vielversprechend. Der Wert einer verbesserten Arbeitssicherheit in der Vorfertigung und insbesondere auf der Baustelle muss nicht weiter begründet werden. Mit dem Einsatz cyber-physischer Produktionsprozesse geht zudem häufig eine Aufwertung der Arbeitsprodukte und -tätigkeiten einher. In vielen Bereichen ermöglichen sie flexiblere, modulare und stärker individualisierte Produkte, sodass die Sonderanfertigung der „Losgröße 1" als rentables Serienprodukt denkbar wird.

Da die Anforderungen an eine kompetente Maschinenführung in intelligenten Systemen beständig wachsen, steigt auch der Anteil der Beschäftigten mit einem ingenieurwissenschaftlichen Abschluss, zusammen mit den Durchschnittslöhnen. Insgesamt nehmen Qualifikationserfordernisse und -möglichkeiten zu und zugleich tragen vereinfachte Programmieroberflächen dazu bei, den Kreis der kompetenten Anwendenden zu vergrößern. Digitalisierung, Automatisierung und Roboterisierung verändern die Anforderungen und Formen der Beschäftigung zwar stark, sie machen aber menschliche Arbeit und Qualifikation nicht überflüssig (Hartmann 2015; Hirsch-Kreinsen, Karacic 2019; Spöttl, Windelband 2019). Durch die avancierten Möglichkeiten der vernetzten Automatisierung und insbesondere KI verändern sich nun auch anspruchsvolle Tätigkeiten (und hochqualifizierte Berufe). Wieder einmal steht das Versprechen im Raum, komplexe Prozesse, die Spezialwissen erfordern, durch geeignete Schnittstellen wie beispielsweise Augmented Reality (AR) für eine Vielzahl von mehr oder weniger qualifizierten Beschäftigten zu öffnen (Ribeirinho et al. 2020). In der Summe werden nach wie vor beide Thesen diskutiert, die des (zumindest partiellen) „De-Skilling" und Kompetenzverlusts durch zunehmend automatisierte Prozesse, aber auch die des „Up-Skilling" und damit die Möglichkeit einer wachsenden Attraktivität der Baustelle für hochqualifizierte Facharbeitskräfte.

Die Untiefen der unternehmerischen und gesellschaftlichen Nutzbarkeit von als intelligent bezeichneten, cyber-physischen Systemen liegen in der Gleichzeitigkeit der Zu- und Abnahme von Handlungs- und Kontrollkompetenzen. Schon im Falle des Umstiegs von einfachen Werkzeugmaschinen auf CNC-Maschinen konnten weder die versprochenen Rationalisierungsgewinne noch die Entlastungspotenziale umstandslos realisiert werden, vielmehr erwies sich ihre Nutzbarkeit als abhängig von Urteilsvermögen, Kompetenzen und Kooperationsfähigkeiten der Maschinenführenden (Hirsch-Kreinsen 1993). So unterliegen die relevanten Fähigkeiten und Kompetenzen im Umgang mit der Digitalisierung von Arbeits- und Produktionsprozessen einem starken Wandel, aber noch ist nicht geklärt, welche Formen menschlicher Kompetenzen notwendig und vorhanden sind, um intelligente Systeme zu einem Erfolgsmodell zu machen (Botthof, Hartmann 2015; Pfeiffer 2020; Spöttl, Windelband 2019).

Darüber hinaus versprechen cyber-physische und insbesondere additive Systeme den Material- und Ressourcenverbrauch zu verringern und so die Prozesse nicht nur wirtschaftlicher, sondern auch nachhaltiger zu machen. Da im Bausektor einige der zentralen Baustoffe wie etwa Sand überraschend endlich sind, und der Sektor zudem für einen hohen Anteil schädlicher Kohlendioxidemissionen verantwortlich ist, werden in diesem Aspekt große Potenziale gesehen. Aber auch in Bezug auf Wirtschaftlichkeit und Nachhaltigkeit wird wissenschaftlich durchaus debattiert, ob sich die ökologischen und ökonomischen Kosten nur verschieben oder tatsächlich insgesamt verringern. Für eine Bewertung der Stoffstrombilanzen müssen externalisierte Kosten, der Fußabdruck von Serverfarmen oder Transportbedarfe einbezogen werden (Santarius et al. 2020).

Last but not least erlauben cyber-physische Prozesse die Möglichkeit der Überwachung jener Faktoren, für die explizit Daten aufbereitet und gesammelt werden. Da in der Bauindustrie stark fragmentierte Produktionsprozesse üblich sind und sich in überlangen Bauzeiten und vielen, als schwarzer Peter hin- und hergereichten Baumängeln niederschlagen, erscheint das attraktiv. BIM und weitere digitale Technologien der vernetzten Modellierung von Entwurf, Ausführung und Betrieb von Gebäuden verbessern Informationsfluss und Transparenz und ermöglichen eine entsprechende Kontrolle bis hin zur Übernahme unternehmerischer Kalkulations- und Verfahrensweisen. Allerdings bedrohen die Möglichkeiten der digitalen Erfassung von Planungs- und Bauwissen und der Speicherung und Wiederverwendung von architektonischen und handwerklichen Fähigkeiten und Einfällen zugleich Urheberrechte, Geschäftsmodelle und personenbezogene Expertise. Entlang der diskutierten Ambivalenzen zeichnet sich ab, dass es für eine robuste Konfiguration intelligenter Systeme im Baubereich kluger Strategien bedarf, um eine Balance zwischen dem Erhalt menschlicher Steuerungsintelligenz und der zielgerichteten Nutzung cyber-physischer Möglichkeiten herzustellen, die wir im nächsten Schritt ausloten.

3 Konfigurationen der Handlungsfähigkeit von Menschen und Maschinen in intelligenten Systemen

Die Handlungsfähigkeiten von Menschen und Maschinen in intelligenten Systemen hängen wesentlich von den jeweiligen Konfigurationen ab. Diese gehorchen einerseits expliziten Gestaltungsansätzen und andererseits impliziten Interessen und Vorstellungen. Grote (2015: 132) unterscheidet zwei explizite Gestaltungsansätze für das komplementäre Zusammenwirken in cyber-physischen Systemen, nämlich entweder eine Priorisierung zentraler Steuerungs- und Kontrollmechanismen, die eher mit standardisierten Lösungsmustern und wenig operativen Handlungsspielräumen in der Einzelanwendung einhergehen, oder eine Priorisierung dezentraler Autonomie, die sich vom „Mythos der zentralen Kontrollierbarkeit komplexer Systeme" (ebd.) verabschiedet und organisationale Resilienz durch die Selbstorganisation der verschiedenen Interdependenzen anstrebt. Mit der Verschiebung von Kontrollzuständigkeit und Verantwortung auf die nachgeordnete Selbstorganisation kleinerer Einheiten wird zwar versucht, auf den vorhandenen Mangel an Überblick und Durchgriff auf übergeordneten Ebenen zu reagieren. Ob die Systeme dadurch aber resilienter werden, hängt von den Handlungsfähigkeiten und -motiven auf den unteren Ebenen ab (Weyer, Cramer 2007: 282), wie auch das Eingangsbeispiel zeigt. Neben expliziten Gestaltungsansätzen prägen Interessen und Vorstellungen die Konfiguration des Zusammenwirkens in cyber-physischen Systemen über implizit zugrunde liegende Erwartungen, beispielsweise über Zielsetzungen auf der Nachfrageseite („es muss vor allem wirtschaftlich sein") oder Anwendungsbedingungen („eine Nutzung soll möglichst wenig Schulung erfordern"). So gehen in die Entwicklung cyber-physischer Systeme oftmals Annahmen ein, die weniger den Anwendungskontexten als den simplifizierenden Annahmen der Entwicklerkontexte entstammen (Fischer et al. 2020).

Im Folgenden diskutieren wir drei typisierte Konfigurationen des Zusammenwirkens von Menschen und intelligenten Maschinen mit unterschiedlichen Handlungsgewichtungen. Wir richten den Blick dabei exemplarisch auf Montageprozesse in der Vorfertigung und auf der Baustelle und insbesondere auf die derzeit stark beworbene Nutzung von Exoskeletten zur Erleichterung körperlich schwerer Arbeit und von Augmented-Reality-Tools zur Verbesserung des Informationsflusses. Exoskelette sind am Körper getragene, robotische Assistenzsysteme, die mechanisch auf den Körper einwirken, um die Arbeitssituation ergonomisch zu optimieren, entweder zur Entlastung beim Heben von Lasten und bei Arbeiten über Schulterhöhe oder um bestimmte Tätigkeiten überhaupt ausführbar zu machen. AR visualisiert im Sinne einer „erweiterten Realität" relevante Sachverhalte kontextbezogen in externen Smartphone- und Tablet-Bildschirmen oder legt Computergrafiken mittels AR-Brillen über die reale Welt (3D-Hologramme), um automatisiert in Echtzeit zu kontrollieren, was sich z. B. hinter bereits verputzten Decken und Wänden befindet oder ob Bauelemente akkurat und plangerecht angebracht sind. Beide Technologien sollen Bauprozesse präziser und effektiver machen und Fehler und Unfallgefahr verringern. Ihr Einsatz verändert die Bauprozesse und stellt neben der intendierten Entlastung auch neue Anforderungen an die Arbeitenden. So kann die Nutzung von AR-Brillen Montagetätigkeiten durch die Einblendung von 3D-Explosionszeichnungen und Zusatzinformationen erleichtern und beschleunigen. Sie geht aber mit einer Belastung der Hals-Nacken-Muskulatur sowie einem eingeschränkten Sichtfeld einher und erfordert bei den Werkenden permanent einen flexiblen Wechsel zwischen abstrakten und konkreten Bauwelten (abgesehen davon, dass die relevanten Daten kontextspezifisch eingepflegt und verifiziert werden müssen).

Der Großteil der Forschung zu Mensch-Roboter- und Mensch-Computer-Interaktionen konzentriert sich auf die Verbesserung der Nutzbarkeit intelligenter Systeme als „collaborators, companions, guides, tutors, and all kinds of social interaction partners" (Bartneck et al. 2020: 8) und ihrer Schnittstellen und nimmt dabei die technischen Möglichkeiten zum Ausgangspunkt. Demgegenüber geht es uns, ausgehend von gesellschaftlichen und menschlichen Handlungsmöglichkeiten, um eine Analyse der Technisierungsfolgen für diese Handlungsfähigkeiten unter Bedingungen „verteilter Kontrolle". Wir unterscheiden dazu drei typisierte Konfigurationen der Handlungsfähigkeit in intelligenten Systemen unter den Etiketten „Mensch als Maschinenführer", „Mensch als Maschinenbediener" und „Mensch als Maschinenpartner". Die Metapher der Maschine nutzen wir pauschal für alle technischen Mittel, die zur Erleichterung, Verstärkung oder Einsparung menschlicher Handlungen eingesetzt werden, unabhängig davon, ob die entstehenden Substitutionsverhältnisse mechanisch, elektrisch oder computerbasiert funktionieren.

3.1 Mensch als Maschinenführer

Die instrumentelle Konfiguration des Mensch-Maschine-Verhältnisses ist uns als „Werkzeugszenario" am vertrautesten. Sie geht von einer weitgehend passiven Technik aus, die in der Hand der Nutzer deren Wirkungsgrad und Effektivität verstärkt. Der Mensch bleibt in dieser Konfiguration der zentrale Entscheider und bestimmt, wann und wofür er die Maschine als Werkzeug einsetzt und welche Ergebnisse damit erzielt werden.

Selbst einfache Tools, wie etwa ein Tablet mit visualisierten Bauinformationen, setzen für die Nutzung eine kognitive und körperliche Anpassung voraus, etwa ein Fokussieren auf den Bildschirm, ein Verständnis der Darstellungsinhalte und -methoden sowie ein absichtsvolles und feinmotorisches Öffnen der relevanten Informationsausschnitte. Es bleibt aber den menschlichen Nutzern vorbehalten, die Anwendung den eigenen Absichten in einer festgelegten Weise zu unterstellen oder die Gleichzeitigkeit des menschlichen und maschinellen Wirkens einzustellen. Dies gilt trotz der hohen Komplexität intelligenter Tools und ihrer Verknüpfung mit übergeordneten Systemen, etwa des BIM, da die Anwendung selbst in überschaubaren Zusammenhängen geschieht. Allerdings liegt in dieser unterstellten Überschaubarkeit die Gefahr einer unterschätzten „Interobjektivität" (Rammert 2016) intelligenter Maschinen, die als Teil hybrider Netzwerke mit weiteren intelligenten Maschinen über Material-, Form- und Kontextvariablen kommunizieren und durch selbstorganisierte Rückkoppelungen „auch anders handeln" könnten (Rammert 2016: 35), hier also andere Informationen anders aufbereiten. Sie intervenieren insofern in die Wahrnehmung von Qualitätsanforderungen und Handlungsoptionen und verschieben damit die Handlungsgewichte in Richtung übergeordneter, teils dem Menschen undurchsichtiger Beobachtungs- und Steuerungssysteme und dort eingehender Interessen (vgl. Suchman 1998).

Der Mensch kann als kontrollierender Agent die Mensch-Maschine-Konfiguration unterbrechen und hat ausführende, organisierende, planende und kontrollierende Aufgaben (Hartmann 2015: 11). Er bleibt dadurch Träger von lernförderlichen Entscheidungs- und Optimierungsprozessen, weshalb für seine Selbstwahrnehmung eher von einer Erhöhung von Schöpferstolz, Arbeitsimage und Verantwortlichkeit als von einer Entfremdung auszugehen ist. Erwartbar ist auch kein unmittelbarer Verlust der Kontrollfähigkeit, sondern allenfalls im Rahmen eines langfristigen De-Skilling, ähnlich der Verarmung von Raumorientierungskompetenz durch die häufige Nutzung von Navigationshilfen (Darken, Peterson 2002). Damit ‚Maschinenführer‘ passive intelligente Tools kompetent einsetzen, benötigen sie eine Einführung in Funktionsweise und -bedingungen sowie ein ganzheitliches Verständnis ihrer Anwendbarkeit. Letzteres besteht aus einem auf die Arbeitsprodukte bezogenen Systemwissen (Fachwissen über Tätigkeitsziele, Integration der darauf bezogenen Arbeitsprozesse und Qualitätsanforderungen) und aus einem Wissen über die prozessbezogenen Nutzungsmöglichkeiten intelligenter Maschinen und ihre Grenzen sowie mögliche Fehlleistungen, Fehlerquellen und Störungen. Für die Nutzung visualisierter Bauinformationen durch AR-Schnittstellen müssen Baufacharbeiter und -ingenieure die Daten nicht nur ablesen und interpretieren, sondern auch ihre Plausibilität einschätzen und gegebenenfalls Fehler erkennen und berichtigen können. Da der jeweilige Werker weiterhin als Hauptträger von Handlungs- und Problemlösungswissen auftritt, ist er bezüglich der Weitergabe dieser Handlungsfähigkeiten nicht substituierbar, auch nicht in Bezug auf die weitere Innovationsentwicklung oder -übernahme.

3.2 Mensch als Maschinenbediener

Die Wahrnehmung einer Mensch-Maschine-Konfiguration, in der Menschen intelligente Maschinen „bedienen", die ihnen unter Umständen außer Kontrolle geraten, ist im deutschen Kulturraum stark von Goethes Zauberlehrling geprägt und wird überwiegend negativ bewertet, mutet oftmals als „unheimlich" an. Die große Mehrheit der Deutschen befürchtet in einer repräsentativen Befragung von 2018 dementsprechend, durch Digitalisierung und Automatisierung einer Zunahme technischer Zwänge ausgeliefert zu sein, weniger als sieben Prozent widersprechen dem (Störk-Biber et al. 2020: 24). Als Maschinenbediener unterstützen Bauhandwerker oder -ingenieure die Funktionsfähigkeit der intelligenten Maschine, die sie warten, updaten, „hoch- und runterfahren" und in Bezug auf die Prozessergebnisse überwachen.

In dieser Konfiguration optimieren z. B. AR-Brillen Bauprozesse, indem sie Handlungsoptionen aus einem hinterlegten oder berechneten Repertoire auswählen oder die planungsgerechte Ausführung kontrollieren; Exoskelette garantieren die Ausführbarkeit bestimmter Tätigkeiten, indem sie beispielsweise die Über-Kopf-Montage schwerer Bauteile ermöglichen oder die Haltungen der Menschen in Posen übersetzen und als Richtungs- und Kraftinformationen an übergeordnete Steuerungssysteme melden. Dabei bleiben die intelligenten Maschinen nicht passiv, sondern werden in gewisser Weise aktiv bzw. „selbsttätig" und erlangen in den hybriden Netzwerken eine eigene interaktive und reaktive Handlungsträgerschaft (vgl. Rammert 2016: 124 ff.): Augmented Reality oder Exoskelette übernehmen Steuerungsfunktionen (guidance), lenken menschliches Handeln in technisch optimierte Bahnen, bestimmen Qualitäts-anforderungen und Bewegungsrichtungen und unter Umständen auch die Abfolge von Anweisung und Ausführung selbst. Sie reagieren auf andere Komponenten intelligenter Systeme und verändern reaktiv die Ausführungsplanung im Dialog mit Sensor- und Steuerungssystemen. Die Maschinenbediener müssen die Interoperabili-tät der digitalen Technologien nur noch ermöglichen, indem sie in die technischen Schnittstellen „hineinschlüpfen", also Exoskelette und AR-Brillen anlegen. Haben Letztere eine Aufgabe erhalten, „werden sie von sich aus aktiv, begeben sich ins Internet, suchen passende Datenbanken auf, kopieren gesuchte Listen" (Rammert 2016: 125), wählen die günstigsten Optionen, begleichen Rechnungen, melden die Ausführung und ihre Qualitätsmerkmale an weitere Systemelemente. Die einzelnen Handlungsschritte sind zwar algorithmisch determiniert und folgen den geplanten Bauprozessen, aber im Auftrag anderer, nicht der Maschinenbedienenden. Die intelligente Anpassung cyber-physischer Systeme an sich wandelnde Rahmen-bedingungen und ihre Selbstoptimierung in Bezug auf Produkte und Produktions-prozesse wird als neues Automatisierungsniveau betrachtet (Windelband, Dworschak 2018: 64). Den Algorithmen, die nun über die Ausführung bestimmen, kommt in gewisser Weise ein „Subjektstatus" zu (Lange et al. 2019: 64), während die Maschinenbediener assistieren, zum Werkzeug ihrer Aufgabenerfüllung werden. Sie kennen zwar die organisatorischen Anforderungen der einzelnen Arbeitsprozesse, die der Optimierung zugrunde liegenden Parameter, Strategien und Interessen bleiben aber (teils) unerkannt („black box"). Für die assistierenden Tätigkeiten der Maschinenbediener wird oft versprochen, dass nun wenig bis kein Systemwissen erforderlich sei, weil die komplexen Hintergründe über eingeblendete Informationen und Anleitungen praxisnah, ortsunabhängig und interaktiv zur Verfügung gestellt werden (Kind et al. 2019: 46 f.). Die Auflösung der zuvor ganzheitlich qualifizierten Tätigkeiten geht mit einer seit Langem aufgezeigten Belastung durch die notwendige Überwachung intelligenter Maschinen ohne hinreichendes Erfahrungs- und Problem-lösungswissen einher und sensibilisiert für die begrenzte Beherrschbarkeit inter- und reaktiver Maschinen (Bainbridge 1983; Hirsch-Kreinsen, Karacic 2019) und für die Notwendigkeit der behelfsmäßigen Entwicklung soziodigitalen Erwartungswissens. Fachkräfte erscheinen in der assistierenden Konfiguration als „Anhängsel" (Deuse et al. 2018: 209), die nur noch „Anweisungen aus[führen], ohne eingreifen zu können und mitdenken zu müssen" (Windelband, Dworschak 2018: 71).

Sie beugen sich den Veränderungen ihrer Rolle durch Automatisierung und digitale Schnittstellen, die sie zu schnellerem, regelmäßigerem, unermüdlichem Handeln antreibt, eine hohe Anpassungsfähigkeit und -bereitschaft an Maschinen-takt und -ergebnisse erfordert und sie auch emotional an deren Funktionstüchtig-keit bindet. Die Handlungsgewichte verschieben sich im Assistenz-Szenario stark in Richtung der digitalen Komponenten intelligenter Systeme, wenn auch zurecht angemerkt wird, dass diese Verschiebung weniger technischen Möglichkeiten als sozioökonomischen und organisationspolitischen Interessen zuzurechnen ist, etwa Rationalisierungs- und Kontrollbestrebungen (Hirsch-Kreinsen 2016; Lange et al. 2019; Sadowski, Pasquale 2015). Die Entscheidungshorizonte der Maschinen-bedienenden werden einerseits algorithmisch definiert, sind andererseits von Ursprung, Zuschnitt und Verfügbarkeit relevanter Inhalte abhängig. Für Letztere wird eine wachsende Bedeutung ihrer kommerziell und proprietär betriebenen Bereitstellung erwartet (Kind et al. 2019: 72) und ist in datenbankgestützten BIM-Modelle bereits zu beobachten (Ribeirinho et al. 2020). Die Optimierungs- und Kontrollfähigkeit der Fachkräfte erscheint aus Perspektive der IT-Entwicklung auf assistierende Tätigkeiten beschränkt. Industriestudien zeigen allerdings immer wieder, dass sie auf Basis (noch) vorhandenen praktischen Problemlösungswissens viel stärker in die automatisierten Prozesse eingreifen (müssen) als vorgesehen und oft „Lückenbüßerfunktionen" (Weyer, Cramer 2007: 267) übernehmen. Für ihre kontrollierenden Eingriffe ist die Undurchschaubarkeit und Unerklärbarkeit computergesteuerter Maschinen problematisch, die sich aus Sicht der Werker unerwartet und unvorhersehbar verhalten und damit eine „erlernte Inkompetenz" verursachen (Brödner 2019: 82). In ihrer Folge kann es im Umgang mit intelligenten Systemen zu überzogenen Erwartungen an die maschinelle Leistungsfähigkeit, zu überhöhtem Vertrauen (overtrust), Wahrnehmungsveränderungen in Bezug auf die reale Welt und ihre Anforderungen, zu verlernten Fähigkeiten und Technikangst kommen. Diese Konsequenzen gefährden auf der einen Seite die Resilienz der Systeme und führen auf der anderen zu einer Arbeitsentfremdung und Entwertung der Tätigkeiten, Berufe und des Images der Operateure. Demgegenüber wäre es wichtig, die Maschinenbedienung nicht so kleinteilig zu konfigurieren, dass Systemwissen verloren geht, sondern eine Balance zwischen führenden und dienenden Tätigkeiten in intelligenten Systemen zu sichern. Eine solche Balance verspricht der dritte Konfigurationstypus.

3.3   Mensch als Maschinenpartner

Die in den vergangenen Jahren ermöglichte Verzahnung physischer und virtueller Welten in intelligenten cyber-physischen Systemen hat neuartige hybride Netzwerke für dynamisch rückgekoppelte Fertigungsprozesse auf den Weg gebracht, in denen Menschen und Maschinen in einem „Kollaborationsszenario" interagieren. Wir greifen hier bewusst den seit dem Vichy-Regime belasteten Begriff der Kollaboration auf, der dann für die Beschreibung von Mensch-Maschinen-Interaktionen gewählt wird, wenn die Kooperation nicht als Neben- und Nach-, sondern als Miteinander organisiert ist, wie im Fall eines kooperativen Hebens oder Tragens. Mit dem Konzept wird eine „Partnerschaft" zwischen Menschen und robotischen Maschinen suggeriert, in der beide Seiten ihre Kompetenzen und Handlungsfähigkeiten zusammenfließen lassen. Auch die begrifflich wachgerufene „Kollaboration" der Franzosen mit der nationalsozialistischen deutschen Besetzungsmacht im Vichy-Regime von 1940 bis 1944 umfasste nicht nur die „angeordneten" staatlichen Stellen, sondern viele weitere „horizontale" Kollaborationen, die zu einer Anpassung („accomodation") an Autoritarismus, Antisemitismus und Milizstaat führten (Burrin 1995). Natürlich ist diese Assoziation nur semantisch veranlasst. Sie kann aber davor warnen, diese meist in werbenden Worten beschriebene Konfiguration eines „Schulter an Schulter mit Kobots" (kollaborierende Roboter) (vgl. Weiss et al. 2020), in der sich Menschen und Maschinen wechselseitig unterstützen, voreilig als „Königsweg" zu bewerten.

   Geht es nämlich um die Verschmelzung digitaler und physischer Welten durch algorithmisch gesteuerte Systeme, sind die Rollen der darin agierenden Menschen noch unklar und werden aus verschiedenen Perspektiven beleuchtet, auch in sogenannten critical code studies (Manovich 2013). Unbestritten ändert sich ein Merkmal gegenüber den bisher diskutierten Konfigurationen, die – zumindest temporär – ohne den jeweils anderen Part betrieben werden können. Im Kollaborationsszenario hingegen sind die Interaktionen so verflochten bzw. „inter- und transaktiv", dass sie wechselseitig nicht substituierbar und daher in besonderer Weise instabil sind[2]. Mensch und Maschine reflektieren nun permanent und interdependent ihre Eigen-, Fremd- und Gesamtaktion, auch in Bezug auf Zweck-Mittel-Relationen, sodass alle Elemente Wechselwirkungen ausgesetzt sind und substanziell in ihren Eigenschaften und ihrer Handlungsfähigkeit kovariieren – ein Befund, der nicht ohne Folgen für die unternehmerische und gesellschaftliche Ebene bleibt. So erhöht bspw. das datenbasiert gesteuerte Exoskelett Muskelkraft, Kapazität und Produktivität seiner Träger, die AR-Brille macht, so die Ankündigungsrhetorik, den Facharbeiter im Rahmen von „shared expertise" zum Bauexperten. Zugleich sinken aber durch die regelmäßige Nutzung von Exoskeletten und AR-Tools die Muskelkraft und das aktive Wissen über Baunormen, und das beste Exoskelett scheitert im Gespann mit einem menschlichen Maschinenpartner ohne Motivation und Kompetenz.

Unter diesen Bedingungen verändern sich erwartbar auch die Problemlösungs- und Innovationsfähigkeit der Menschen und zwar insbesondere in fragmentierten intelligenten Systemen, deren Entwicklung nicht einer übergeordneten Organisationslogik folgt, sondern von vielen, untereinander schlecht koordinierten Soft- und Hardwareprovidern, Planungsbüros und Bauunternehmen abhängt. In fragmentierten Systemen sind schon heute unvollständiges Wissen und fehlende Transparenz („opacity", Burrell 2016) die Norm und können kaum durch geeignete Schnittstellen abgefangen werden, sodass die Fähigkeit, mit Ungewissheit und fehlendem Durchgriff auf die Prozessebene unter komplexen Bedingungen umzugehen, eine Schlüsselrolle gewinnt. Dafür spielt der bereits angesprochene Aufbau von Erwartungssicherheit im Umgang mit doppelter Kontingenz eine große Rolle. Er setzt basale Kenntnisse zur Einschätzung informationstechnischer Steuerungsarchitekturen und baufachliche Kenntnisse über Arbeitsprozesse, Qualitätsziele und planerische Hintergründe voraus. Wie es aber zukünftig gelingen kann, kommende Generationen von Bauhandwerkern und -ingenieuren ohne analoge Erfahrungen entsprechend vorzubereiten, um einstürzende Neubauten in Analogie zur Boeing 737 Max zu verhindern, ist eine offene Frage der Kompetenz-, System- und Organisationsentwicklung. Bislang gelten der „augmented/upskilled worker" und die „autonome/ intelligente Maschine" gleichermaßen als (überschätzte) Zukunftshoffnung, ohne angemessene Berücksichtigung ihrer organisatorischen Verflechtung.

Demgegenüber stellen Studien zum Einsatz cyber-physischer Systeme regelmäßig die Bedeutung von organisatorischen, kognitiven und kooperativen Problemlösungskompetenzen heraus, damit automatisierte Systeme erfolgreich in Arbeitsprozesse

---

[2] Genau betrachtet existieren Subjekt und Objekt, Mensch und Maschine, Materie und Bedeutung nicht getrennt voneinander und treten auch nicht in Wechselwirkung, sondern werden durch interaktives Handeln geformt und transformiert. Intra-Aktion ist ein Schlüsselbegriff in Karen Barads Rekonzeptualisierung von Handlungsfähigkeit und bezeichnet die *mutual constitution of entangled agencies* (Barad 2007: 33).

integriert werden können (Hirsch-Kreinsen, Karacic 2019; Pfeiffer 2017; Spöttl, Windelband 2019). Erfahrungswissen, Berufsethik und auch das Selbstverständnis der Menschen spielen in hybriden Netzwerken eine große Rolle, verändern sich allerdings unter Bedingungen zunehmend parzellierter und digitalisierter Tätigkeiten. In Interviews wird von einem trickreichen, alltäglichen muddling-through der Über- und Unterwachung in der Arbeit mit kooperativen und kollaborativen Robotern und AR-Systemen berichtet, mithilfe dessen fehlende Schnittstellen, Inkompatibilitäten, Systemfehler sowie Informationslücken und Bedienungsfehler überwunden werden. Derlei Tricks tragen dazu bei, Aufgaben und Verantwortung zwischen Menschen und Maschine bestmöglich umzuverteilen, um die Folgen menschlicher, technischer und interaktiver Fehler abzufedern. Zugleich lässt sich eine technikgetriebene Anpassung von Menschen an die Bedarfe cyber-physischer Systeme beobachten, sodass bspw. Assistenzsysteme Verhalten normieren.

Die Handlungsgewichte verschieben sich im Kollaborationsszenario unsichtbar und weniger greifbar: Einerseits erscheinen diese soziodigitalen Arrangements den Nutzern oftmals als „magisch" und „integriert", andererseits offenbaren sich im Falle ihres Ausfalls oder ihrer Manipulation die problematischen Interdependenzen besonders brüsk. Cyber-physische Systeme werden dann zum Fluch, wenn Menschen dem fehlerhaften Funktionieren ohne Eingriffsmöglichkeit ausgeliefert sind oder wenn die datenbasierte Selbststeuerung Nebenwirkungen und Fehlfunktionen verursacht, die von den Softwareentwicklern nicht mitbedacht oder von Hackern mit krimineller Absicht eingefädelt wurden. Neben dem Ausfall einzelner Sensorfunktionen gehören die fehlerhafte Erkennung von schwarzer Hautfarbe, das Auslesen von Daten zum Zweck der Betriebsspionage oder die fehlende Berücksichtigung von Nachhaltigkeits- und Sicherheitsaspekten zu den verbreiteten Beispielen. Sie erinnern daran, dass in diesen Systemen menschliche Handlungsfähigkeit an „zwei Enden" eine Rolle spielt: auf der programmierenden Seite mit all ihren implizit hinterlegten Interessen und Vorannahmen und auf der kollaborativen Seite mit all ihren Tricks der nutzerzentrierten Anwendung und Umkodierung (Oudshoorn, Pinch 2005).

Für die Resilienz und Robustheit der Mensch-Maschinen-Partnerschaft in intelligenten Systemen wird daher die beidseitige Nachvollziehbarkeit und Erklärbarkeit zu einem wichtigen Prinzip sowie ihre grundsätzlich auf menschliche Autonomie und an menschlichen Zielen als Gemeinwohl orientierte Entwicklung (High-Level Expert Group On Artificial Intelligence 2019). Unumgänglich kommt es in hybriden Netzwerken aber zu Situationen ungeklärt verteilter Kontrolle, in denen weder der Mensch noch die Technologie volle Kontrolle über den Handlungsablauf hat, weil im Kollaborationsszenario Maschinen nicht mehr gänzlich blind nach festgelegten Programmen und Menschen nicht mehr gänzlich souverän nach eigenem Gutdünken operieren (Rammert 2016: 127). Vielmehr handelt es sich um ein dynamisches Zusammenspiel von Menschen und Maschinen – einen „Tanz", in dem sich die „Objekt-Subjekt-Rollen" stetig neu verteilen, aber nicht unbedingt symmetrisch (Lange et al. 2019: 600). So können intelligente Systeme dieser Konfiguration partiell oder temporär auch stärker die Merkmale der beiden anderen tragen – wie es im Eingangsbeispiel passiert ist, weil den Piloten die notwendigen Informationen und den Technologien die notwendige Redundanz fehlten. Unter Bedingungen eng gekoppelter, komplexer Interaktionen ohne Redundanz werden aber nicht nur

„Katastrophen normal" (Perrow 1987), sondern auch die Verantwortungsfrage (accountability) über Fehler und Folgefehler ist schwer zu klären. In der Folge ist die Koordination der selbstständiger werdenden, automatisierten Technologien in Interaktion mit orts- und firmenübergreifend vernetzten Menschen und Daten nicht mehr mit mechanischen Konfigurationen vergleichbar, sondern muss auf dem schmalen Grad zwischen „organisierter Unverantwortlichkeit" (Beck 1988) und sozial robuster, vertrauenswürdiger Abstimmung durch Angleichung (Akkomodation) gelingen.

Die folgende Tabelle (Tab. 1) stellt die zentralen Merkmale der drei Konfigurationen für die abschließende Diskussion zusammen.

Tab. 1. Konfigurationsmerkmale von Mensch-Maschine-Konfigurationen in intelligenten Systemen

Konfigurations-merkmale	Mensch als Maschinenführer	Mensch als Maschinen-bediener	Mensch als Maschinenpartner
Szenario mit typ. Wahrnehmung	Vertrautes Werkzeug-szenario	Unheimliches Assistenzszenario	Magisches Kollaborationsszenario
Technische Agency nach Rammert (2016)	Intelligente Maschine bleibt passiv, support	Intelligente Maschine wird selbsttätig und reaktiv, guidance	Intelligente Maschine ist interaktiv und reflexiv, accomodation
Interdependenz	Maschine erweitert und standardisiert Handlungsfähig-keit des Menschen; Entscheidungs- und Optimierungsfähigkeit liegt beim Menschen	Mensch unterstützt und überwacht Funktionsfähigkeit der Maschine; Maschine bestimmt Handlungs-abläufe und Ent-scheidungshorizonte	Mensch und Maschine unterstützen sich wechsel-seitig und interdependent, Entscheidungshorizonte liegen außerhalb ihrer Reichweite
Veränderte Kompetenzen	Fachliches Systemwissen und technisches Anwendungswissen	Reduziertes Anwender-wissen, „erlernte Inkompetenz" (Brödner 2019)	Fragmentiertes Wissen, Opacity, Emergenz von Erwartungssicherheiten an der Schnittstelle von System- und Anwender-wissen
Verteilte Kontrolle und Über-/Unter-schätzung	Mensch als kontrollierender Agent, Risiko unter-schätzter Inter-Objektivität (Ver-netzung)	Intelligente Systeme und ihre Entwickler kontrollieren die Abläufe, Risiko der überschätzten cyber-physischen Leistungs-fähigkeit	Steuerung und Kontrolle verteilen sich dynamisch auf Mensch-Maschine-Daten-Netzwerke, Risiken unterschätzter Interaktivität und überschätzter Selbst-organisation

Notiz: Rammert (2016) bezieht seine Unterscheidungen auf das gesamte Technikspektrum von einfachen Werkzeugen bis zu avancierten, intelligenten Technologien. Wir haben sie bewusst auf die Diskussion unterschiedlicher Konfigurationen in intelligenten Systemen übertragen, weil Maschinen auch hier stärker „passive" oder „reaktive" Rollen einnehmen, obwohl sie grundsätzlich mit übergeordneten Steuerungssystemen „interaktiv" vernetzt sind

4 Ansatzpunkte der verantwortlichen Gestaltung von intelligenten Systemen

Die Sichtung der drei idealtypisch gedachten Mensch-Maschine-Konfigurationen verdeutlicht, dass Handlungs- und Kontrollfähigkeiten in intelligenten Systemen zunehmend relational und dynamisch zwischen Menschen und Maschinen verteilt sind. Anstelle der Rede von „shared control" ist es daher zutreffender, von „interdependent control" zu sprechen. Die Verteiltheit der Kontrollfähigkeit darf aber nicht für die Verantwortung („accountability") gelten. Verantwortung für (teil-)automatisierte Prozesse können nur Individuen und Organisationen übernehmen, weil sich ‚intelligente' Maschinen nicht an Werten wie Solidarität, Nachhaltigkeit, Sicherheit oder Gemeinwohl orientieren, sondern ausschließlich an programmierten Wenn-Dann-Relationen und statistischen Zusammenhängen. Ihre organisatorische Einbindung ist nur dann als verantwortlich und zukunftsfähig zu beschreiben, wenn eine realistische Einschätzung der mit diesen Systemen verbundenen Risiken und deren vertrauenswürdige Minimierung handlungsleitend sind. Für die Verringerung der Risiken – vom einmaligen Unfall bis zum langfristigen Verlust von Souveränität an die durch digitale Technologien geschaffenen Verhältnisse –, müssen entsprechende Handlungskompetenzen und Kontrollfähigkeiten bei Entwicklern und Nutzern und eine dazu passende Kontrollierbarkeit der Technik organisatorisch geschaffen werden.

Das betrifft neben soziotechnischen Gestaltungszielen, so wurde deutlich, vor allem die Konzeption und Organisation notwendiger und möglicher Lernprozesse (vgl. dazu Hartmann 2015: 17) ebenso wie die Vermittlung relevanter Informationen. Auch im Baubereich ist, wie im Eingangsbeispiel, mit den Erwartungen an automatisierte Systeme allzu leicht der Glaube verbunden, Menschen ohne fachspezifische Fähigkeiten, spezielle Trainings und Kompetenzen könnten dank intuitiver Schnittstellen Tätigkeiten ausführen, die sie nicht durchschauen können. Nicht erst seit der Forschung zu „human factors" wird demgegenüber betont, dass eindimensionale Kompetenzverständnisse die interdependente Bedeutung von Motivation, System- und Anwendungswissen, Problemlösungskompetenz und sozio-technischer Arbeitsorganisation für den Umgang mit Unsicherheit unterschätzen, aber die Robustheit technischer Informationsvernetzung und automatisierbarer Routinen überschätzen (Leonardi, Barley 2010; Grote 2015). Technologien entwickeln sich zudem als ein Ausdruck von Handlungs- und Kontrollmacht. Sie weisen verschiedenen Nutzern nicht zufällig unterschiedliche Rollen und Interaktionsmöglichkeiten zu und legen bestimmte organisatorische Muster ihrer Einbettung eher nahe als andere. Es muss unser Anliegen sein, dafür auf das Prinzip einer sozial robusten und verantwortlichen Technologieentwicklung zu bestehen, um Katastrophen zu vermeiden und auch in Zukunft eine intelligente Anpassung an gesellschaftliche Ziele (bspw. Nachhaltigkeit, Sicherheit, Beschäftigung) mit unter Umständen neu zu definierenden Rollen und Interaktionsbeziehungen zu ermöglichen.

Die Diskussion der fluiden Mensch-Maschine-Beziehungen stellt dafür drei Ansatzpunkte einer verantwortlichen Gestaltung heraus: die Aufbereitung von Informationen, die Integration fragmentierter Systemkomponenten und den Erhalt von Lern-, Anpassungs- und Innovationsmöglichkeiten als Entwicklungsoption. Damit sind drei Herausforderungen benannt, zu denen bereits viel geforscht wurde, ohne dass die Probleme gelöst wären. Im Einzelnen prozessieren vernetzte digitale Technologien unendlich viele Informationen und potenzieren auf diese Weise das Problem ihrer nutzergerechten Auswahl und Aufbereitung, also ihrer adaptiven Strukturierung. Für den verantwortlichen Umgang mit intelligenten Systemen benötigen Nutzer aber dennoch passende „situationsbezogene Filterungsmechanismen, um am richtigen Ort zur richtigen Zeit exakt die Informationen [...] zu erhalten, die zur Bearbeitung" der jeweiligen Aufgabe erforderlich sind (Windelband, Dworschak 2018: 70). Das ist allerdings leichter formuliert, als programmiert, zumal Auswahl und Strukturierung immer wieder an veränderliche Rahmenbedingungen angepasst werden müssen (Leonardi, Barley 2010: 26 ff.). Wenn aber intelligente Systeme an dieser Voraussetzung intelligenter Mensch-Maschine-Kooperation scheitern, dann ist zu fragen, ob sie „vertrauenswürdig genug" sind, um in sicherheitsrelevanten Bereichen eingesetzt zu werden. Unseres Erachtens ist bislang der Beitrag der Nutzer zur Konstruktion von Erwartungssicherheiten zu wenig für die Suche nach Lösungsansätzen einbezogen worden. Eine andere Herangehensweise wird derzeit im Exzellenzcluster „Integratives computerbasiertes Entwerfen und Bauen für die Architektur" (IntCDC) begleitend zur Entwicklung cyber-physischer Bausysteme entwickelt. Hier soll ein „ganzheitliches Qualitätsmodell" („Holistic Quality Model") technische, ökologische und soziale Qualitätsziele integriert beurteilbar machen und Kontrollpunkte benennen, an denen Optionen aufgezeigt und ein Nachsteuern ermöglicht wird (Zhang et al. 2021). Eine Institutionenbildung in diesem Sinne wäre als lernende Entwicklung im Umgang mit den Herausforderungen durch cyber-physische Systeme zu begrüßen. Sie müsste als eine Art cyber-physischer Überwachungsverein dafür sorgen, dass alle implementierten Systeme Kontrollpunkte enthalten, die helfen, die Risiken zu minimieren und Optionen zu erhalten.

Was die Integration fragmentierter Systeme angeht, liegt ein ähnliches Paradox vor: So wie intelligente Systeme mehr Informationen prozessieren als erfassbar sind, vernetzen sie unweigerlich Organisationen, Prozesse und Handlungsrationalitäten, die sich an unterschiedlichen und nur teilweise abgestimmten Prioritäten und Handlungszielen orientieren. Die Hoffnung, diese Systeme erhöhten von sich aus Transparenz und Nachvollziehbarkeit ist nicht begründet. Zwar werden verschiedene Strukturierungsprinzipien algorithmisch auf einen gemeinsamen Nenner gebracht, aber dabei werden wesentliche Unterschiede auf Kosten des sozialen Sinns als digitale Zeichen nivelliert. Über die operable Durchgängigkeit hinaus wäre es für das Management relevanter Unsicherheiten wichtig, eine Durchschaubarkeit der Verknüpfungen und ihrer möglichen Fehlleistungen und Störungen zu garantieren. In Fallstudien zeigt sich immer wieder, dass Maschinenführer oftmals gar nicht wissen, ob bestimmte Einflussgrößen im konkreten Fall berücksichtigt wurden oder nicht. Wo aber Unklarheiten über die hinterlegten Prozessabläufe bestehen, kann keine Verantwortung übernommen werden.

Geht es schließlich um die Gewährleistung zukünftiger Entwicklungsoptionen durch Lern-, Anpassungs- und Innovationsmöglichkeiten, sind neuartige sozio-digitale Formen und Methoden der Kompetenzentwicklung vor und im Arbeitsprozess notwendig. Weil intelligente Systeme nicht wie intelligente Menschen handeln, muss dabei Sorge getragen werden, dass sich am Ende nicht Menschen wie intelligente Maschinen verhalten. Erfahrungswissen, Improvisationsgeschick und die Bereitschaft zur umfassenden Verantwortungsübernahme – all das muss in der Maschinenpartnerschaft gezielt gefördert und gepflegt werden, um den Risiken der Über- und Unterschätzung intelligenter Systeme mit sozio-technischer Intelligenz zu begegnen. Die Undurchschaubarkeit der Abläufe erschweren strategisches Handeln sowohl bei der gezielten und begründeten Optionenauswahl als auch beim notwendigen Umgang mit Problemen und Störungen. Da kein System perfekt ist, müssen technische Möglichkeiten und menschliche Fähigkeiten der Intervention und Krisenbewältigung gezielt integriert und gesellschaftlich gefordert werden. Nur so kann es gelingen, dass die Nutzer intelligenter Maschinen gleichzeitig die Arbeitsprozesse und ihre Steuerung, Ausführung und Kontrolle durch selbsttätige Systeme überwachen, obwohl sie ironischerweise mit dem Ziel der Überwindung menschlicher Intelligenz eingeführt werden.

Gefördert durch die Deutsche Forschungsgemeinschaft (DFG) im Rahmen der Ezellenzstrategie des Bundes und der Länder – EXC 2120/1 – 390831618

Literatur

Bainbridge, L.: Ironies of automation. Automatica **19**, 775–779 (1983)

Barad, K.: Meeting the Universe Halfway: Quantum Physics and the Entanglement of Matter and Meaning. Duke University Press, Durham (2007)

Bartneck, C., Belpaeme, T., Eyssel, F., Kanda, T., Keijsers, M., Sabanovic, S.: Human-Robot Interaction. An Introduction. Cambridge University Press, Cambridge (2020)

Beck, U.: Gegengifte. Die organisierte Unverantwortlichkeit. Suhrkamp, Frankfurt a. M. (1988)

Botthof, A., Hartmann, E.A. (Hrsg.): Zukunft der Arbeit in Industrie 4.0. Springer, Berlin (2015)

Brödner, P.: Grenzen und Widersprüche der Entwicklung und Anwendung „Autonomer Systeme". In: Hirsch-Kreinsen, H., Karacic, A. (Hrsg.) Autonome Systeme und Arbeit. Perspektiven, Herausforderungen und Grenzen der Künstlichen Intelligenz in dcr Arbeit, S. 69–97. transcript, Bielefeld (2019)

Burrell, J.: How the machine 'thinks': understanding opacity in machine learning algorithms. Big Data Soc. **3**, 1–12 (2016)

Burrin, P.: La France a l'heure allemande, 1940–1944. Seuil, Paris (1995)

Callon, M., Latour, B.: Unscreweing the Big Leviathan; or how actors macrostructure reality, and how sociologists help them to do so? In: Cicourel, A.V., Knorr-Cetina, K. (Hrsg.) Advances in Social Theory and Methodology: Toward an Integration of Micro- and Macro-Sociologies, S. 277–303. Routledge, Boston (1981)

Darken, R.P., Peterson, B.: Spatial orientation, wayfinding, and representation. In: Stanney, K.M. (Hrsg.) Human Factors and Ergonomics. Handbook of Virtual Environments: Design, Implementation, and Applications, S. 493–518. Erlbaum, New Jersey (2002)

Deuse, J., Weisner, K., Busch, F., Achenbach, M.: Gestaltung sozio-technischer Arbeitssysteme für Industrie 4.0. In: Hirsch-Kreinsen, H., Ittermann, P., Niehaus, J. (Hrsg.) Digitalisierung industrieller Arbeit, S. 195–213. Nomos, Baden-Baden (2018)

Fischer, B., Östlund, B., Peine, A.: Of robots and humans: creating user representations in practice. Soc. Stud. Sci. **50**, 221–244 (2020)

Flemisch, F., Abbink, D., Itoh, M., Pacaux-Lemoine, M.P., Weßel, G.: Shared control is the sharp end of cooperation: towards a common framework of joint action, shared control and human machine cooperation. IFAC-Papers Online **49**, 72–77 (2016)

Grote, G.: Gestaltungsansätze für das komplementäre Zusammenwirken von Mensch und Technik in Industrie 4.0. In: Hirsch-Kreinsen, H., Ittermann, P., Niehaus, J. (Hrsg.) Digitalisierung industrieller Arbeit, S. 131–146. Nomos, Baden-Baden (2015)

Hartmann, E.A.: Arbeitsgestaltung für Industrie 4.0: Alte Wahrheiten, neue Herausforderungen. In: Botthof, A., Hartman, E.A. (Hrsg.) Zukunft der Arbeit in Industrie 4.0, S. 9–20. Springer, Berlin (2015)

High-Level Expert Group On Artificial Intelligence: Ethics guidelines for trustworthy AI (2019)

Hirsch-Kreinsen, H.: NC-Entwicklung als gesellschaftlicher Prozeß: Amerikanische und deutsche Innovationsmuster der Fertigungstechnik. Campus, Frankfurt a. M. (1993)

Hirsch-Kreinsen, H.: Arbeit und Technik bei Industrie 4.0. Aus Polit. Zeitgesch. **66**, 46 (2016)

Hirsch-Kreinsen, H., Karacic, A. (Hrsg.): Autonome Systeme und Arbeit. Perspektiven, Herausforderungen und Grenzen der Künstlichen Intelligenz in der Arbeitswelt. transcript, Bielefeld (2019)

Kind, S., Ferdinand, J.-P., Jetzke, T., Richter, S., Weide, S.: Virtual und Augmented Reality. Status quo, Herausforderungen und zukünftige Entwicklungen TAB Arbeitsbericht Nr. 180 (2019)

Lange, A.C., Lenglet, M., Seyfert, R.: On studying algorithms ethnographically: making sense of objects of ignorance. Organization **26**, 598–617 (2019)

Latour, B.: Mixing humans and nonhumans together: the sociology of a door-closer. In: Star, S.L. (Hrsg.) Ecologies of Knowledge: Work and Politics in Science and Technology, S. 257–279. State University Press, New York (1995)

Lausen, S.: Master or Servant? Der Wandel im Mensch-Maschine-Verhältnis in der internationalen zivilen Luftfahrt des 20. Jahrhunderts. In: Ahner, H., Metzger, M., Nolte, M. (Hrsg.) Von Menschen und Maschinen Interdisziplinäre Perspektiven auf das Verhältnis von Gesellschaft und Technik in Vergangenheit, Gegenwart und Zukunft, Karlsruhe, S. 15–34 (2020)

Leonardi, P.M., Barley, S.R.: What's under construction here? Acad. Manag. Ann. **1**, 1–51 (2010)

Manovich, L.: Software Takes Command. Bloomsbury, New York (2013)

Menges, A., Knippers, J., Wagner, H.J., Zechmeister, C.: Pilotprojekte für ein Integratives Computerbasiertes Planen und Bauen. In: Bischoff, M., von Scheven, M., Oesterle, B. (Hrsg.) Baustatik Baupraxis 14, S. 67–79. Institut für Baustatik und Baudynamik, Universität Stuttgart, Stuttgart (2020)

Oudshoorn, N., Pinch, T.: How Users Matter. The Co-Construction of Users and Technology. MIT Press, Cambridge (2005)

Perrow, C.: Normale Katastrophen: Die unvermeidbaren Risiken der Großtechnik. Campus, Frankfurt a. M. (1987)

Pfeiffer, S.: Arbeit und Technik. In: Hirsch-Kreinsen, H., Missen, H. (Hrsg.) Lexikon der Arbeits- und Industriesoziologie, S. 36–39. Edition Sigma in der Nomos Verlagsgesellschaft, Baden-Baden (2017)

Pfeiffer, S.: Kontext und KI: Zum Potenzial der Beschäftigten für Künstliche Intelligenz und Machine-Learning. HMD Prax. Wirtschaftsinform. **57**, 465–479 (2020)

Rammert, W.: Technik – Handeln – Wissen. Zu einer pragmatistischen Technik- und Sozialtheorie. Springer Fachmedien, Wiesbaden (2016)

Rammert, W., Schulz-Schaeffer, I.: Technik und Handeln – wenn soziales Handeln sich auf menschliches Verhalten udn technische Artefakte verteilt. TUTS – Working Papers, S. 1–37 (2002)

Ribeirinho, M. J., Mischke, J., Strube, G., Sjödin, E., Blanco, J. L., Palter, R., Biörck, J., Rockhill, D., Andersson, T.: The next normal in construction: how disruption is shaping the worlds largest ecosystem. McKinsey & Company (2020). https://www.mckinsey.com/~/media/McKinsey/Industries/Capital%20Projects%20and%20Infrastructure/Our%20Insights/The%20next%20normal%20in%20construction/The-next-normal-in-construction.pdf

Sadowski, J., Pasquale, F.: The spectrum of control – a social theory of the smart city. First Monday **20**, 1–22 (2015)

Santarius, T., Pohl, J., Lange, S.: Digitalization and the Decoupling Debate: Can ICT help to reduce environmental impacts while the economy keeps growing? Sustainability **12**, 7496 (2020). https://doi.org/10.3390/su12187496

Spöttl, G., Windelband, L. (Hrsg.): Industrie 4.0. Risiken und Chancen für die Berufsbildung. wbv Media, Bielefeld (2019)

Störk-Biber, C., Hampel, J., Kropp, C., Zwick, M.: Wahrnehmung von Technik und Digitalisierung in Deutschland und Europa: Befunde aus dem TechnikRadarPerception of Technology and Digitzation in Germany and Europe: Findings of the TechnikRadar. HMD Prax. Wirtschaftsinform. **57**, 21–32 (2020)

Suchman, L.: Human/machine reconsidered. Cogn. Stud. **5**, 5–13 (1998)

Weiss, A., Wortmeier, A., Kubicek, B.: The future of cobots in Industry 4.0. A call for a CSCW lens (2020) (unveröff. Manuskript, submitted)

Weyer, J.: Autonomie und Kontrolle. Arbeit in hybriden Systemen am Beispiel der Luftfahrt. Technikfolgenabschätzung Theor. Prax. **16**, 35–42 (2007)

Weyer, J., Cramer, S.: Interaktion, Risiko und Governance in hybriden Systemen. In: Dolata, U., Werle, R. (Hrsg.) Gesellschaft und die Macht der Technik. Sozioökonomischer und institutioneller Wandel durch Technisierung, S. 267–286. Campus, Frankfurt a. M. (2007)

Windelband, L., Dworschak, B.: Arbeit und Kompetenzen in der Industrie 4.0. Anwendungsszenarien Instandhaltung und Leichtbaurobotik. In: Hirsch-Kreinsen, H., Ittermann, P., Niehaus, J. (Hrsg.) Digitalisierung industrieller Arbeit, S. 63–79. Nomos, Baden-Baden (2018)

Zhang, L., Braun, K., Di Bari, R., Horn, R., Hos, D., Kropp, C., Leistner, P., Schwieger, V.: Quality as driver for sustainable construction – holistic quality model and assessment. Sustainability **12**, 7847 (2020). https://doi.org/10.3390/su12197847

Digitale Transformation im Maschinen- und Anlagenbau. Digitalisierungsstrategien und Gestaltung von Arbeit 4.0

Jürgen Dispan[⊠]

IMU Institut, Hasenbergstraße 49, 70176 Stuttgart, Deutschland
jdispan@imu-institut.de

Zusammenfassung. Digitalisierung und Industrie 4.0 spielen im Rahmen der digitalen Vernetzung eine immer größere Rolle für den Maschinen- und Anlagenbau – und das sowohl als Anbieter als auch als Anwender digitaler Produkte. Digitale Geschäftsmodelle und neue Wettbewerber aus dem Bereich digitaler Plattformen stellen zunehmend Herausforderungen für die Maschinenbauunternehmen dar. Der Beitrag befasst sich mit den Digitalisierungsstrategien der Maschinenbauunternehmen ebenso wie mit dem Stand der Digitalisierung bei den Prozessen, Produkten und Geschäftsmodellen. Es werden Wirkungen der digitalen Transformation auf Beschäftigung untersucht sowie arbeits- und beschäftigungspolitische Herausforderungen in der Branche aus Sicht von Mitbestimmungsakteuren diskutiert. Daraus werden Gestaltungsfelder und strategische Orientierungen für die Mitbestimmungsträger erarbeitet.

Schlüsselwörter: Maschinenbau · Digitalisierung · Beschäftigungswirkungen

1 Einleitung

Digitalisierung und Industrie 4.0 sind für den Maschinen- und Anlagenbau sowohl in der Perspektive des Anbieters von digitalisierten Produkten und Services als auch des Anwenders bei den internen Prozessen hochrelevant. So spielen im Rahmen der digitalen Vernetzung zum Beispiel Cyber Physical Systems, Big Data, künstliche Intelligenz, vorausschauende Wartung, digitale Assistenzsysteme und weitere digitale Technologien eine immer größere Rolle für den Maschinenbau. Digitale Geschäftsmodelle und neue Wettbewerber aus der Plattformökonomie stellen zunehmend Herausforderungen für die Maschinenbauunternehmen dar.

Technologische Treiber für die digitale Transformation sind die stark steigenden Rechner- und Speicherleistungen, die neue Formen der künstlichen Intelligenz und ihrer dezentralen Nutzung ermöglichen, die intelligente Sensorik zur gezielten Erfassung großer Datenmengen sowie die zunehmende Vernetzung und weltweite Kommunikation in Echtzeit. Jedoch ist Digitalisierung weit mehr als ein technologischer Wandel. Die Veränderungen sind als Wechselwirkungen zwischen Menschen und Technik, als sozio-technische Systeme zu betrachten. Die erweiterten technischen Möglichkeiten werden erst wirksam, wenn sie von den Menschen in Unternehmen

E. A. Hartmann (Hrsg.): *Digitalisierung souverän gestalten*, S. 118–132, 2021.
https://doi.org/10.1007/978-3-662-62377-0_9

und in der Gesellschaft genutzt werden. Erst im Zusammenspiel von Menschen, Technik und Organisation verändert Digitalisierung tatsächlich die Arbeitswelt. Dieses Verständnis von Digitalisierung impliziert, dass die technologische, organisatorische und arbeitsbezogene Dimension eines Wertschöpfungsprozesses gleichermaßen in den Blick genommen wird. Speziell im Maschinenbau kommt zur anwendungsbezogenen Sicht auf Digitalisierung und Industrie 4.0 auch die Sicht als Anbieter von Investitionsgütern für Kunden in vielen Wirtschaftszweigen, die ihrerseits die eigenen Prozesse immer stärker digitalisieren.

Als Kern der deutschen Investitionsgüterindustrie ist der Maschinenbau volkswirtschaftlich und beschäftigungspolitisch überaus bedeutend. Mit ihren weit mehr als einer Million Beschäftigten in 6400 Unternehmen ist die Branche die industrielle Säule Deutschlands. Maschinen und Anlagen stellen eine wichtige Grundlage für die Innovations- und Wettbewerbsfähigkeit der Industrie dar und sie spielen weltweit eine entscheidende Rolle für die Produktivitäts-, Qualitäts- und Kostenentwicklung in produzierenden Unternehmen.

Für die zahlreichen Mitarbeiter in den Unternehmen der Branche ist die digitale Transformation mit Auswirkungen auf Beschäftigungchancen, Arbeitsbedingungen, Kompetenzanforderungen und Qualifikationsbedarfe verbunden. In diesem Kontext befasste sich die Studie „Digitalisierung im Maschinenbau" mit den branchenspezifischen Herausforderungen durch Digitalisierungsprozesse aus einer arbeitsorientierten Sicht.[1] Dafür sind *erstens* Einblicke in die Digitalisierungsstrategien der Maschinenbauunternehmen ebenso wie der Stand der Digitalisierung bei den Produkten und Geschäftsmodellen wie auch bei den internen Prozessen relevant. Auf dieser Grundlage lassen sich im *zweiten* Schritt Wirkungen und wechselseitige Abhängigkeiten auf die Innovations- und Wettbewerbsfähigkeit der Unternehmen und der Branche sowie auf Beschäftigung und Arbeitspolitik im Maschinenbau analysieren und im *dritten* Schritt Handlungsbedarfe für die Gestaltung guter Arbeit und für Beteiligung erarbeiten.

Zielsetzung des Forschungsprojekts „Digitalisierung im Maschinenbau" war es, auf Basis einer fundierten Analyse von Digitalisierungsprozessen in ausgewählten Teilbranchen des Maschinenbaus in Deutschland zum einen Chancen und Risiken für Beschäftigung und Arbeit abzuleiten und zum anderen Gestaltungsfelder für gute Arbeitsbedingungen, sichere Beschäftigungsperspektiven und nachhaltige Personalpolitik in der Branche zu erarbeiten.

Digitalisierung, Industrie 4.0, Arbeit 4.0 und viele weitere 4.0-Themen erleben im wissenschaftlichen Diskurs und in der politischen Debatte eine Hochkonjunktur, die mit einer Vielzahl von Studien, Konferenzen und Publikationen einhergeht.

---

[1] Der vorliegende Beitrag beruht im Wesentlichen auf den Ergebnissen der Studie „Digitalisierung im Maschinenbau" (Dispan, Schwarz-Kocher 2018), die vom IMU Institut Stuttgart im Auftrag der Hans-Böckler-Stiftung und der IG Metall erstellt wurde.

Speziell auf den Maschinenbau bezogen gibt es beispielsweise verschiedene Studien und Leitfäden des VDMA (Überblick in VDMA 2019) sowie arbeitswissenschaftliche Untersuchungen wie „Industrie 4.0 – Qualifizierung 2025" (Pfeiffer et al. 2016), „Digitalisierter Maschinenbau – Wandel und Entwicklungschancen qualifizierter Arbeit" (Hirsch-Kreinsen 2017) und „Digitalisierung und Arbeit im niedersächsischen Maschinenbau" (Kuhlmann, Voskamp 2019).[2]

2 Digitalisierungsstrategien – der Maschinenbau als Anbieter und Anwender

Inwieweit ist das Thema „Digitalisierung" in den Strategien von Maschinenbauunternehmen verankert und wie weit sind die Unternehmen auf dem Weg der digitalen Transformation? Entlang von Betriebsfallstudien, Expertengesprächen und Workshops wurde diesen Fragen nachgegangen. Im Ergebnis gibt es in der Breite des heterogenen Maschinenbaus beim Stand der Digitalisierung und bei Digitalisierungsstrategien ein sehr vielfältiges Bild. Viele kleine und mittlere Unternehmen befanden sich zum Stand 2018 erst am Anfang der digitalen Transformation. Bei den untersuchten größeren Unternehmen, die meist zu den Vorreitern bei der digitalen Transformation zählen, wurde die Digitalisierung hingegen strategisch vorangetrieben.

2.1 Vier Säulen der Digitalisierungsstrategien

Digitalisierungsstrategien von Maschinenbauunternehmen lassen sich in vier Säulen gliedern, die jeweils unterschiedliche Aspekte von Digitalisierung umfassen und den zwei Feldern externe Angebote (Anbieterperspektive) und interne Prozesse (Anwenderperspektive) zugeordnet werden können (Abb. 1):

1. Erweiterung des eigenen Portfolios um digitalisierte Produkte und Services
2. Entwicklung neuer Geschäftsfelder oder neuer Geschäftsmodelle auf Basis von Künstlicher Intelligenz (KI) und von digitalen Plattformen für das Industrial Internet of Things (IIoT)
3. Vernetzung der Unternehmensprozesse und interne digitale Transformation der Organisation, aber auch überbetriebliche Vernetzung innerhalb des Wertschöpfungsnetzwerks
4. Beteiligung der Beschäftigten und der Betriebsräte sowie Gestaltung der digitalen Transformation durch aktives Change Management und Qualifizierung

---

[2] Vergleiche Dispan, Schwarz-Kocher (2018) für einen ausführlichen Literaturüberblick zur Digitalisierung im Maschinenbau.

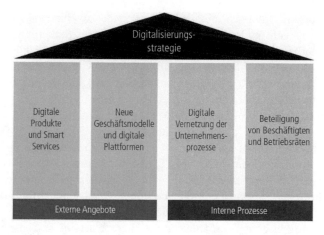

Abb. 1. Vier Säulen der Digitalisierungsstrategien von Maschinenbauunternehmen. (Eigene Darstellung nach IMU Institut)

Mit diesen vier Säulen werden unterschiedliche Perspektiven eingenommen: die des Anbieters und die des Anwenders von digitalen Lösungen. Gerade im Maschinenbau ist Digitalisierung in erster Linie ein stark kundenbezogenes Thema. Es geht darum, mit digitalen Lösungsangeboten zusätzlichen Kundennutzen zu bieten und die Kundenbindung zu erhöhen, wie viele der befragten Experten hervorhoben. Für den Maschinenbau insgesamt ist zu konstatieren, dass die Anbieterseite der Digitalisierung bisher einen deutlich höheren Stellenwert einnimmt als die Anwenderseite mit Industrie 4.0 bei den eigenen Unternehmensprozessen, wo in der Vergangenheit eine schleichende Umsetzung zu beobachten war.

2.2 Maschinenbau als Anbieter digitaler Lösungen

Auf die beiden ersten Säulen bezogen hat die Dynamik der digitalen Transformation in den letzten Jahren vor allem bei den größeren Maschinenbauern deutlich an Fahrt gewonnen. Die in betrieblichen Fallstudien Befragten waren sich einig, dass im Maschinenbau „eine immer stärker werdende Digitalisierungsdynamik" zu erwarten ist. Die Aufgabe, sich der digitalen Transformation zu stellen, ordnen sie in einem Spektrum von „wichtig" über „unumgänglich" bis „alternativlos" ein. In puncto Wettbewerbsfähigkeit werde es zu einer „Verschiebung von Kompetenzen bei Stahl und Eisen zu Kompetenzen bei Software und Datenanalyse" kommen. Entsprechend sind digitale Lösungen verstärkt am Markt und es entstehen vermehrt digitale Plattformen aus dem Maschinenbau heraus. So bieten die Unternehmen der Aufzugsbranche mittlerweile digitale Tools für das Monitoring, die vorausschauende Wartung, Störungsmeldungen und die Auswertung von Nutzungsdaten für die Anlagenbetreiber an. In der Fördertechnik werden beispielsweise fahrerlose Transportsysteme, digitales Flottenmanagement und vernetzte Logistiklösungen angeboten. In der Landmaschinentechnik spielen GPS-basierte Assistenzsysteme, autonome Erntemaschinen und das Angebot von Smart-Farming-Plattformen eine zunehmende Rolle. Im Werkzeugmaschinenbau geht es beispielsweise um appbasierte Steuerungs- und Bediensysteme für Bearbeitungszentren sowie um digitale Zwillinge und Plattformen für Condition Monitoring und vorausschauende Wartung von Zerspan- und Umformtechnik. Alles in allem wurde aus einem anfänglich marketinggetriebenen Thema ein strategisches Umsetzungsthema mit Substanz.

Speziell der Megatrend Plattformökonomie wird aus der Anbieterperspektive immer bedeutender. Große Plattformanbieter wie die bekannten IT-Giganten und Technologiekonzerne dringen seit geraumer Zeit ins industrielle Umfeld und in angestammte Maschinenbaumärkte vor. Es besteht die Gefahr, dass die direkte Kundenschnittstelle an branchenfremde Anbieter verloren geht und der Maschinenbau in die Rolle des Hardwarelieferanten abgedrängt wird. Mittelfristig werden sich nur die Konzepte durchsetzen, die den gesamten Wertstrom des Kunden und nicht nur einzelne Maschinen im Blick haben. Dies bietet neue Chancen, aber auch große Risiken für die Maschinenbaubranche. Denn noch ist nicht entschieden, wer sich die Innovationsführerschaft in dieser neuen Automatisierungssphäre erkämpfen und die Kundenschnittstelle besetzen kann. Die digitalen Plattformen, die sich am Markt durchsetzen, werden nicht nur von ihrer dominanten Marktposition profitieren. Vielmehr werden sie zum zentralen Knowhow-Träger zukünftiger digitaler Automatisierungskonzepte. Nicht wenige in der Branche befürchten, dass die jetzige Innovationsführerschaft und die Kundennähe verloren gehen, wenn es dem Maschinen- und Anlagenbau nicht gelingt, diese neue Sphäre zu beherrschen oder zumindest wesentlich daran beteiligt zu werden. Ziel für Maschinenbauunternehmen muss es daher sein, die direkte Kundenschnittstelle weiterhin zu kontrollieren und nicht an branchenfremde Anbieter – Internet-Giganten oder Technologiekonzerne – zu verlieren.

Dieser Wettstreit um die Innovationsführerschaft bei digitalen Lösungen und IIoT-Plattformen ist entscheidend, aber noch nicht entschieden. Um seine starke Rolle bei Innovationen und beim Kundenzugang zu behalten, muss der Maschinenbau sich in der Plattformökonomie strategisch aufstellen und Unternehmen des Maschinenbaus sollten stärker zusammenarbeiten. Gerade unter den digitalen Plattformen werden nur wenige die Standards bzw. den Rahmen im industriellen Bereich setzen. Für den deutschen Maschinenbau wäre es wünschenswert, wenn nicht sogar überlebenswichtig, wenn einige erfolgreiche unter ihnen aus den eigenen Reihen kämen.

2.3   Digitalisierung in der Anwenderperspektive

In vielen Maschinenbauunternehmen wird Digitalisierung in erster Linie in der bisher beschriebenen Anbieterperspektive betrachtet. Bei den Kunden sollen durch Digitalisierung und KI weitere Effizienz und Rationalisierungspotenziale erschlossen werden. Dagegen wird der digitale Wandel in der Anwendersicht des Maschinenbaus bei den internen Unternehmensprozessen – von der Entwicklung, dem Produktmanagement, dem Einkauf über die Produktion bis zum Rechnungswesen, Vertrieb und Service – eher als schleichende Umsetzung wahrgenommen. Nichtsdestotrotz ist diese dritte Säule von Digitalisierungsstrategien – häufig als Industrie 4.0 bezeichnet – ein wichtiger Faktor für die zukünftige Wettbewerbsfähigkeit von Maschinenbauunternehmen. Durch die Digitalisierung der internen Unternehmensprozesse ergeben sich vielfältige Möglichkeiten zur Prozessoptimierung. Zu unterscheiden ist zwischen der Implementierung einzelner digitaler Technologien im Unternehmen und der umfassenden Vernetzung des Unternehmens durch erweiterte Software-Systeme bzw. digitale Steuerungssysteme (Abb. 2).

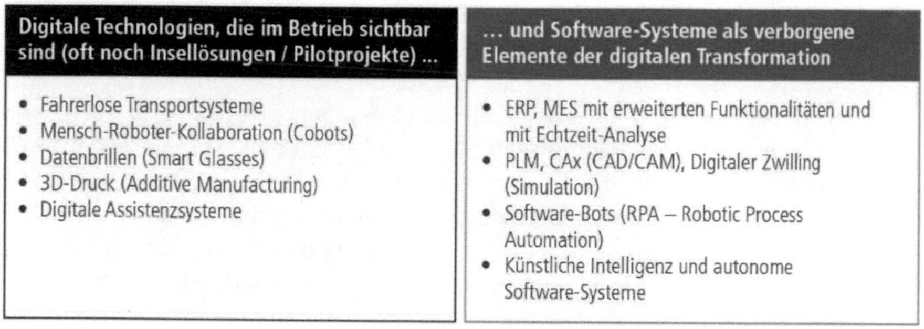

Digitale Technologien, die im Betrieb sichtbar sind (oft noch Insellösungen / Pilotprojekte) ...	... und Software-Systeme als verborgene Elemente der digitalen Transformation
• Fahrerlose Transportsysteme • Mensch-Roboter-Kollaboration (Cobots) • Datenbrillen (Smart Glasses) • 3D-Druck (Additive Manufacturing) • Digitale Assistenzsysteme	• ERP, MES mit erweiterten Funktionalitäten und mit Echtzeit-Analyse • PLM, CAx (CAD/CAM), Digitaler Zwilling (Simulation) • Software-Bots (RPA – Robotic Process Automation) • Künstliche Intelligenz und autonome Software-Systeme

Abb. 2. Digitalisierung der internen Prozesse im Maschinenbau. (Eigene Darstellung nach IMU Institut)

Zwischen den digitalen Technologien und den Software-Systemen besteht ein großer, direkt wahrnehmbarer Unterschied. Digitale Technologien wie fahrerlose Transportsysteme, Cobots, Datenbrillen und 3D-Druck sind für die Menschen im Betrieb sichtbar; sie werden zunächst meist als Pilotprojekt oder Insellösung implementiert. Damit sind diese digitalen Technologien erfahrbar und rücken ins Bewusstsein der betrieblichen Akteure. Die Unmenge an Daten, die dadurch erzeugt wird (Big Data), ist jedoch nicht sichtbar. Die Erfassung und Auswertung großer Datenmengen erzeugt Handlungsbedarfe beim betrieblichen Datenschutz und bei Themen wie personenbezogener Datenauswertung sowie Leistungs- und Verhaltenskontrolle. Bei den digitalen Technologien, die im betrieblichen Alltag auf dem Shopfloor sichtbar sind, lassen sich diese Handlungsbedarfe materiell festmachen.

Zu den Kernpunkten der Digitalisierung in Anwenderperspektive von Industrieunternehmen gehört die umfassende Vernetzung der Unternehmensprozesse im Sinne von Cyber-Physical-Systems (CPS). Mit CPS als Kernelement von Industrie 4.0 soll eine Durchgängigkeit in der Prozesskette von der Bestellung/Entwicklung bis zu Auslieferung/Service (End-to-End) erreicht und die echtzeitdatenbasierte Analyse und Optimierung von Produktionsprozessen ermöglicht werden. Damit werden in den Betrieben Ziele verfolgt wie: größere Effizienz, höhere Flexibilität, bessere Qualität und kürzere Produkteinführungszeit (Time-to-Market). Mit digitaler Vernetzung durch Visualisierung und Transparenz über alle Prozesse sowie Echtzeitfähigkeit sollen diese Ziele erreicht werden.

Ein immer wichtiger werdendes Element der digitalen Transformation ist der digitale Zwilling als softwarebasiertes, virtuelles Abbild des Produkts, der Produktion und der Prozessperformance. Ein solcher digitaler Zwilling kann die Basis bilden für eine kürzere Produkteinführungszeit, für eine virtuelle Inbetriebnahme und damit eine signifikant verkürzte reale Inbetriebnahme von Anlagen, für vorausschauende Wartung und höhere Verfügbarkeit, für minimierte Rüstprozesse und höhere Maschinenlaufzeiten, für größere Transparenz im Produktionsprozess und Vermeidung von Verschwendung (im Sinne von Lean Management) sowie für digitale Services und neue Geschäftsmodelle. Bisher hat die deutsche Industrie wie auch der Maschinenbau in der realen Produktionswelt ihre Exzellenz unter Beweis gestellt und eine Spitzenstellung erreicht. In der Zukunft wird es laut befragten Experten darum gehen, die Verbindung von realer und digitaler Welt wie auch von menschlicher und künstlicher Intelligenz zu schaffen und damit den technologischen Vorsprung zu halten.

Alles in allem ist die übergreifende Vernetzung mittels Software-Systemen im Betrieb und in der Wertschöpfungskette ein nicht sichtbares, verborgenes Element der digitalen Transformation, das für Beschäftigte und Betriebsräte schwerer zu greifen ist. Umso mehr sollte auch hier ein Hauptaugenmerk der Mitbestimmungsträger auf Themen wie Arbeitsgestaltung und Datenschutz gelegt werden. Zumal der Blick auf diesen Kernbereich der digitalen Transformation häufig durch die sichtbaren digitalen Technologien verdeckt wird, mit denen im Betrieb experimentiert wird und die als Pilotprojekte implementiert werden.

2.4 Beteiligung von Beschäftigten und Betriebsräten

Die Beteiligung von Betriebsräten und Beschäftigten – die vierte Säule von Digitalisierungsstrategien – ist für den Erfolg der digitalen Transformation entscheidend. Wie von den befragten Experten immer wieder betont wurde, ist die digitale Transformation keine rein technische Angelegenheit. Neben digitalen Technologien und Software-Systemen als technischen Befähigern („Technical Enablers") sind für die Umsetzung der internen Digitalisierung die „Non-technical Enablers" wie Change Management, Unternehmenskultur und das Aufsetzen auf Lean-Erfahrungen entscheidend.

Ein ganzheitlicher Gestaltungsansatz und ein Digitalisierungsverständnis sind erforderlich, die gleichermaßen die technologischen, organisatorischen und arbeitsbezogenen Dimensionen eines Unternehmensprozesses mit ihren engen Wechselwirkungen in den Blick nehmen und diesen als sozio-technisches System begreifen (Hirsch-Kreinsen et al. 2018). Von der Prämisse ausgehend, dass Digitalisierung gestaltbar ist, ergibt sich ein „Handlungsauftrag für Interessenvertretungen, diese Entwicklung nach Kräften zu beeinflussen und zu prägen, um die Chancen für die Beschäftigten so gut wie möglich zu verbessern, sei es mit Blick auf die Handlungsautonomie oder mit Blick auf Qualifizierungs- und Entwicklungspotenziale" (Falkenberg et al. 2020: 14). Auch IMU-Studien mit zahlreichen Expertengesprächen im Maschinenbau und anderen Branchen bestätigen, dass die digitale Transformation ohne eine beteiligungsorientierte und partizipative Unternehmenskultur kaum erfolgreich gestaltet werden kann (Dispan, Schwarz-Kocher 2018; Dispan 2020). Zum erforderlichen Change Management gehört auch, dass Betriebsräte von Beginn an eingebunden sind und dass Mitarbeiter vorbereitet und befähigt werden, um mit den Anforderungen der Digitalisierung in Zukunft umgehen zu können.

3 Beschäftigungswandel in der digitalen Transformation

Mit der digitalen Transformation wird es im Maschinenbau wie auch in der Industrie insgesamt einen Wandel der Beschäftigung in allen betrieblichen Bereichen und Funktionen geben. Es kommt zu strukturellen Veränderungen zwischen unterschiedlichen Beschäftigtengruppen wie auch zu qualitativen Veränderungen der Arbeitsbedingungen. Quantitative Arbeitsplatzeffekte durch Digitalisierung werden im Maschinenbau durch gegenläufige Prozesse geprägt sein: Neue digitale Angebote und damit erreichbares Wachstum werden Arbeitsplätze sichern und schaffen. Dagegen werden die Effizienzgewinne durch Digitalisierung bei den internen Prozessen Arbeitsplätze verändern oder gar überflüssig machen. Unter der Prämisse „Wachstum durch digitale Angebote" wird der Saldo aus beidem in den nächsten Jahren neutral bis eher positiv sein. Mittel- bis langfristig gesehen wird es im Maschinenbau aufgrund der Rationalisierungseffekte eher zu einem Arbeitsplatzabbau kommen. Noch stärker als direkte Bereiche in der Produktion werden dann die klassischen Büro- und Informationstätigkeiten unter Druck kommen. Digitale Tools, Software-Bots[3] und die durchgängige Vernetzung greifen insbesondere bei Tätigkeiten entlang der „indirekten Kette" vom Vertrieb über Entwicklung, Konstruktion, Einkauf, Produktionsplanung/-steuerung, Buchhaltung, Controlling bis hin zu Aftersales.

Mit dem Einsatz von digitalen Technologien und der zunehmenden Vernetzung der Unternehmensprozesse im Maschinenbau verändern sich die Arbeitsbedingungen für die Beschäftigten in Produktion, Büros, Außentätigkeiten etc. In manchen Bereichen sind die Veränderungen heute bereits spürbar, in anderen Bereichen werden mit zunehmender Digitalisierung künftig starke Veränderungen erwartet. Was sich heute bereits in Maschinenbauunternehmen abzeichnet und zukünftig wohl herausbildet, ist sehr differenziert für die einzelnen Teilbranchen und auch Tätigkeitsbereiche zu betrachten. „Eindeutige" Entwicklungsstränge konnten aus den Betriebsfallstudien nicht abgeleitet werden. Somit wird im Folgenden schlaglichtartig auf einige betriebliche Trends eingegangen.

3.1 Veränderungen bei Produktionstätigkeiten

Ganz unterschiedliche Effekte sind innerhalb eines Unternehmens aus dem Werkzeugmaschinenbau in zwei Produktionsbereichen zu beobachten, in denen Industrie 4.0 im Hinblick auf die gesamte Prozesskette bereits frühzeitig umgesetzt wurde. Im Produktionsbereich A wird von einem klaren „Upgrading" für die Werker berichtet. Die Mitarbeiter sind mit Handheld-Geräten ausgestattet und verfügen damit über alle arbeitsrelevanten Informationen in Echtzeit. Die papierlose Produktion wird durch digitales Shopfloor Management unterstützt. Die komplette Prozesskette von der Konstruktion bis zur Auslieferung wurde durchgängig vernetzt. Durch die Digitalisierung ist eine hohe Transparenz in die Prozesse in allen Bereichen

---

[3] Mit Software-Bots bzw. Robotic Process Automation (RPA) können zahlreiche Bürotätigkeiten, insbesondere Routinearbeiten, automatisiert werden (Stroheker 2020).

gekommen. Für die direkten Mitarbeiter gab es eine Anreicherung bei den Arbeitsinhalten sowie eine ausgeprägtere Verantwortlichkeit für den Produktionsprozess und die Qualität. Für das reibungslose Funktionieren dieser „digitalen Produktion" muss das Prozessverständnis jedes Mitarbeiters deutlich größer als zuvor sein. Die Mitarbeiter benötigen höheres Prozess-Knowhow. Wo zuvor Produktionssteuerer bzw. Disponenten die Aufträge durchgesteuert haben, steuert heute ein MES als Feinplanungstool. „Die Mitarbeiter müssen jetzt eigenständig wissen, was muss ich tun, was passiert vor mir, was nach mir" (Exp). In diesem Produktionsbereich A haben die nicht mehr benötigten Disponenten neue Aufgaben bekommen und die Mitarbeiterzahl ist insgesamt gleich geblieben.

Ein anderes Bild bei Industrie 4.0-Effekten zeigt sich im Produktionsbereich B desselben Werkzeugmaschinenbauers. Dort wurde die Belegschaft durch digitale Workflows im End-to-End-Prozess und durch digitale Möglichkeiten der Mehrmaschinenbedienung deutlich von rund 100 auf 70 Beschäftigte reduziert. Gleichwohl konnten im prosperierenden Unternehmen den in diesem Bereich nicht mehr benötigten Mitarbeitern durch Qualifizierung neue Perspektiven eröffnet werden. Der Beschäftigungsabbau in diesem Produktionsbereich betraf ganz unterschiedliche Funktionen: Entfallen sind beispielsweise Mitarbeiter in Prozesssteuerung, Arbeitsvorbereitung und Vertrieb durch hochautomatisierte Prozesse in indirekten Bereichen – von der konfigurierten Bestellung bis hin zum ersten Produktionsschritt. Auch in der Fertigung wurde eine vernetzte Produktions-U-Linie mit integrierten Robotern eingeführt. Infolge der Mehrmaschinenbedienung und der mannlosen Nacht- und Wochenendschichten werden dort heute nur noch drei Facharbeiter in zwei Schichten benötigt, statt zuvor zehn Werker in zwei Schichten bei Einzelmaschinenbedienung. Von den überwiegend jungen Facharbeitern werden eine große Leistungsbereitschaft und Flexibilität bei der Arbeit eingefordert. Leistungsverdichtung sei aber bisher nicht unmittelbar als Digitalisierungsfolge spürbar, so ein befragter Betriebsrat.

Die Flexibilisierung der Arbeit im Maschinenbau wird sich durch die Möglichkeiten der Digitalisierung weiter forcieren. Bislang wird die Flexibilisierung der Arbeitszeit und des Arbeitsorts vor allem bei Beschäftigtengruppen aus Angestelltenbereichen umgesetzt. Digitale Technologien ermöglichen eine Ausweitung dieser Formen der Flexibilisierung auf Beschäftigte im direkten Bereich in unterschiedlicher Intensität und Reichweite, zum Beispiel auf Instandhalter, aber auch auf Maschinenbediener und auf Montagefachkräfte. Insgesamt wird für Produktionstätigkeiten ein Wandel von stärker mechanischer Arbeit hin zu mehr Steuerungs-, Kontroll- und Überwachungsfunktionen erwartet.

3.2 Veränderungen im Service

Die Arbeitsbedingungen in Service-Bereichen des Maschinenbaus könnten sich infolge der digitalen Transformation in den nächsten Jahren stark verändern, wie am Beispiel der beiden Teilbranchen Aufzüge/Fahrtreppen und Fördertechnik/ Intralogistik gezeigt wird. Durch digitale Wartungssteuerung, mobile Endgeräte und weitere digitale Tools und Technologien könnten sich für viele Servicemonteure im Außeneinsatz die Wartungsrouten und Arbeitsinhalte, aber auch die

Eigenverantwortung, Selbststeuerung und Selbstorganisation deutlich verändern. Ein weiterer Effekt der digitalen Wartungssteuerung in Kombination mit den Möglichkeiten der digitalen Plattformen (wie vorausschauende Wartung) und digitalen Assistenzsysteme (Ferndiagnose, Teleservice, Remote Support) könnte sein, dass es zu einer Aufgliederung bzw. Ausdifferenzierung bei den Servicemonteuren kommt. Betriebsräte aus der Branche befürchten, dass einer „Aufspreizung Tür und Tor geöffnet wird" bzw. dass der „Weg zur Klassengesellschaft bei den Servicemonteuren" beschritten wird. Während bei den Meistern durch automatisierte Auftragssteuerung ihr Part des Disponierens zwar entfallen würde, sie aber nach wie vor eine Entscheider- und Schnittstellenfunktion in den Serviceniederlassungen einnehmen werden, könnte es bei den Servicemonteuren zu einer starken Differenzierung in drei „Klassen von Servicemonteuren" mit unterschiedlichen Qualifikationen und Entgeltbedingungen kommen:

- Technische Experten mit umfangreicher technischer Ausbildung (mechanisch, elektronisch, digital) für komplizierte Reparatur- und Wartungsaufgaben
- Standardmonteure mit Facharbeiterausbildung für Reparaturen und Wartung, die auch die Rufbereitschaft mit abdecken
- Einfache Monteure, die auf Basis einer Schulung für Ölwechsel und einfache Routinetätigkeiten eingesetzt werden

3.3 Leistungsverdichtung

Ein weiterer Aspekt, der mit der digitalen Transformation einhergeht, sind Änderungen der Arbeitsbelastungen im Maschinenbau. Die Automatisierung von Routinetätigkeiten durch Software-Bots oder andere digitale Tools wird von den Beschäftigten zwiespältig erlebt. Zwischen Entlastung und Belastung liegt ein Spannungsfeld: Einerseits wird es als Vorteil empfunden, dass oftmals „lästige" Arbeiten wegfallen und die Konzentration auf wesentliche oder strategische Aufgaben gelenkt werden kann. Andererseits entfallen dadurch leichte, entlastende Tätigkeiten, die der Erholung zwischen Phasen anstrengenden oder hochkonzentrierten Arbeitens dienen. Damit kann die Digitalisierung zu einer Leistungsverdichtung führen. Zudem gibt der Wegfall von Tätigkeiten aus Sicht von Betriebsräten häufig Anlass zu Diskussionen um die Zahl der Beschäftigten und selten Anlass für eine Verbesserung der Tätigkeitszuschnitte.

Eine Belastung für Mitarbeiter vor allem in den größeren Maschinenbauunternehmen stellt die Vielzahl der zu nutzenden Software-Programme und die Vielfalt von Informationen aus unterschiedlichen Kanälen dar, mit denen die Beschäftigten umgehen müssen. Durch „überbordende Kommunikation" und die „Informationsflut", der viele Beschäftigte ausgesetzt sind, werden nicht zuletzt auch Produktivitätseffekte, die aus der Digitalisierung und Vernetzung erzielt werden, wieder aufgezehrt oder schlagen ins Gegenteil um.

Datenschutz, der Schutz personenbezogener Daten wurde in den Betriebsfallstudien besonders von Seiten der Betriebsräte als wichtiges Thema ins Feld geführt. Besonders kritisch wird der durch digitale Technologien und Software-Systeme ermöglichte „gläserne Mitarbeiter" gesehen. Aus mehreren Betriebsfallstudien berichten befragte Experten, dass durch die digitale Vernetzung der Prozesse eine volle Transparenz in vielen Bereichen von Maschinenbauunternehmen erreicht wurde. Die Produktionsmitarbeiter loggen sich am Touchscreen-Monitor, am Handheld-Gerät oder anderswo ein und hinterlassen ihre Datenspur. In einem der Fallbetriebe werden die erfassten Daten zu Stillständen, Störungsmeldungen, Fehlerkennung auch personenbezogen für einen begrenzten Zeitraum gespeichert und sind von Führungs-kräften einsehbar. Zwar wird in diesem Betrieb Leistungs- und Verhaltenskontrolle durch eine Betriebsvereinbarung ausgeschlossen; de facto werde der Mitarbeiter aber bei einem Störfall gleich zum Sündenbock gemacht und „es wird Druck auf ihn aus-geübt, ohne dass eine ehrliche Fehleranalyse durchgeführt wird" (Exp). Alles in allem gilt es für die Betriebsräte nach wie vor, so weit wie möglich personenbezogene Aus-wertungen zu verhindern und Leistungs- und Verhaltenskontrolle auszuschließen.

3.4   Kompetenzanforderungen und Qualifikationen

Die digitale Transformation stellt die Beschäftigten vor vielfältige neue Anforderungen. Bei den Betriebsfallstudien im Maschinenbau und den Experten-interviews wurden zwei Bereiche hervorgehoben: „Kompetenzanforderungen und Qualifikationen", auf die im Folgenden eingegangen wird, sowie „agile Arbeits-formen" als neue Anforderung der Arbeitsorganisation.

IT- und Software-Kompetenzen als Anforderung für den digitalen Wandel von Unternehmen liegen auf der Hand, allein schon weil die Produkte des Maschinen-baus wie auch die internen Prozesse immer stärker digitalisiert werden. Das gilt in der Breite, weil fast alle Beschäftigten Software anwenden und sich fortlaufend in neue Programme, neue Apps und Tools einarbeiten sollen. Gleichzeitig gilt das in der Tiefe, weil der Bedarf an IT-Spezialisten und Software-Ingenieuren im Maschinen-bau immer größer wird. Dies wird von einer VDMA-Studie bestätigt: Die größten Problemfelder für Maschinenbauer bei der Digitalisierung von Produkten (Ent-wicklung von Software, IT-Hardware oder Automatisierungstechnik) liegen im Bereich der „Human Resources" – so ein Ergebnis der VDMA-Studie (Oetter 2018). Mit Abstand größtes Problemfeld für die Digitalisierung ist im Jahr 2018 demnach die Personalverfügbarkeit; es folgen der Knowhow-/Technologietransfer sowie die Aus- und Weiterbildung der Mitarbeiter.

Aus den Betriebsfallstudien lassen sich zwei mögliche Entwicklungsstränge für die Kompetenzanforderungen und Qualifikationen in den direkten Bereichen des Maschinenbaus ableiten. Es bleibt offen, ob für Produktionsarbeit im digitalisierten Maschinenbau höhere Qualifikationen oder geringere Qualifikationen der Mit-arbeiter erforderlich sind. Das Spektrum der Einschätzungen aus den Experteninter-views passt zu zwei der drei „Entwicklungsszenarien zur Zukunft digitaler Arbeit", wie sie in der Studie „Digitalisierter Maschinenbau" von der IG Metall veröffent-licht wurden (Hirsch-Kreinsen 2017). Demnach könnte es bei der Produktionsarbeit im Maschinenbau zu einem „Upgrading-Szenario" oder zu einem „Polarisierungs-Szenario" kommen. Das dritte Szenario „Automatisierte Fabrik" scheint eher für die Anwenderbranchen des Maschinenbaus und nicht für den Maschinenbau selbst relevant zu sein. Die zwei aus den Experteninterviews abgeleiteten widersprüchlichen

Entwicklungsstränge für künftige Qualifikationserfordernisse in den direkten Bereichen des Maschinenbaus sind demnach:

- **„Upgrading von Arbeit"** (mit steigenden Qualifikationen): Wird es durch höhere Anforderungen durch Digitalisierung der internen Prozesse und erforderlichem umfassenden Prozess-Knowhow eine Aufwertung bei den Facharbeiter-Qualifikationen im Maschinenbau geben? Dafür sprechen die große Varianz bei den Produkten und Losgröße-1-Erfordernisse in vielen Bereichen des Maschinenbaus, die eine hohe Flexibilität und Genauigkeit in der Produktion von Maschinen in einer von Software-Systemen und digitalen Technologien geprägten Prozesslandschaft erfordern.

- **„Polarisierung von Arbeit"** (mit „Gewinnern" und „Verlierern" bei den Qualifikationen):
  - Wird es durch digitale Assistenzsysteme und autonome Software-Systeme eine Abwertung bei den Qualifikationen geben? Geht der Weg von der Facharbeiter-Dominanz im Maschinenbau hin zum verstärkten Einsatz Angelernter in der Produktion? Dafür sprechen enge Arbeitsanweisungen durch digitale Assistenzsysteme sowie standardisierte und „verriegelte" Montageprozesse, die zu einfacheren operativen Tätigkeiten im Maschinenbau und damit zu einer Dequalifizierung führen können.
  - Wird es auf der anderen Seite mehr anspruchsvolle hochqualifizierte Tätigkeiten für Experten zur Wartung und Installation der Systeme geben? Dafür sprechen komplexere Tätigkeiten mit hohen Qualifikationsanforderungen für eine „kleine Facharbeiterelite" im Maschinenbau, wogegen die bisherigen mittleren Qualifikationsgruppen mit sinkenden Anforderungsniveaus konfrontiert werden. Kommt es also zu einer Gleichzeitigkeit von Upgrading auf der einen und Dequalifizierung auf der anderen Seite?

Laut den Betriebsfallstudien zeichnet sich in den Produktionsbereichen des Maschinenbaus eher eine Polarisierung bei den Qualifikationen ab. Für die Mehrzahl der befragten Experten wird sich die Schere zwischen „Gewinnern" und „Verlierern" bei den Qualifikationen in den direkten Bereichen des digitalisierten Maschinenbaus künftig öffnen.

Dagegen könnte es in den indirekten Bereichen zu einer Entwicklung kommen, die eher dem „Automatisierungsszenario" entspricht. Durch Software-Systeme und Bots werden sich nicht nur die Arbeitszuschnitte in den Bürobereichen verändern, sondern es wird zu einer umfassenden Automatisierung von Bürotätigkeiten kommen. In der Konsequenz könnte dies zu einem rationalisierungsbedingten Arbeitsplatzabbau führen, der fast alle Qualifikationsstufen trifft – mit Ausnahme höherer Führungsebenen und hochqualifizierter Experten.

Gleichwohl ist für Beschäftigte in allen Bereichen des Maschinenbaus festzuhalten, dass an Qualifizierung für die neuen Anforderungen und die neuen digitalen Technologien kein Weg vorbeiführt. Der digitalen Transformation müssen sich alle Beschäftigten durch Weiterbildung stellen. Beim Thema Qualifikationen kommt selbstverständlich auch der betrieblichen Ausbildung erhebliches Gewicht zu. Bei einigen der Betriebsfallstudien werden die Herausforderungen durch Industrie 4.0

und Digitalisierung in eigene Ausbildungskonzepte umgesetzt. So wurde beispielsweise bei einem Werkzeugmaschinenhersteller ein Smart Education Center innerhalb der Werkhalle aufgebaut, in dem Auszubildende an wichtige Digitalisierungsthemen praktisch herangeführt werden und wo ihnen das Gesamtsystem Maschinenbau nahegebracht wird. Insgesamt vollzieht sich in den Maschinenbauunternehmen ein Wandel von der klassischen mechanischen Ausbildung hin zu mehr IT- und Steuerungskenntnissen. Seit Mitte 2018 sind bei den industriellen Metall- und Elektroberufen Themen wie Digitalisierung der Arbeit, Datenschutz und Informationssicherheit fester Bestandteil der Ausbildung geworden. Generell sind die Berufsbilder in der Metall- und Elektroindustrie prozessorientiert und auf die von Industrie 4.0 geforderte Systemorientierung sowie der damit verbundenen Wertschöpfung und Vernetzung gerichtet.

4 Fazit: Gestaltung guter Arbeit und Beteiligung

Die digitale Transformation gehört zu den wichtigsten Entwicklungstrends für die Industrie im Allgemeinen und für den Maschinenbau als Industrieausrüster im Speziellen. Kein Maschinenbauunternehmen darf sich der digitalen Transformation verschließen, wenn es nicht seine Zukunftsfähigkeit verspielen will. Einige vor allem größere Unternehmen verfolgen bereits eine Digitalisierungsstrategie, für die restlichen spielen zumindest Elemente der digitalen Transformation in ihren Produkten, Prozessen oder auch Geschäftsmodellen eine Rolle. Da die Digitalisierung über kurz oder lang die Beschäftigung und die Arbeitsbedingungen in fast allen betrieblichen Tätigkeitsfeldern verändert, gibt es umfassende Handlungsbedarfe für die Interessenvertretung. Auf arbeitspolitische Handlungsfelder und Gestaltungsmöglichkeiten der betrieblichen Mitbestimmung unter der zentralen Prämisse „mitbestimmte Einführungsprozesse" geht ein Forschungsreport der Hans-Böckler-Stiftung ein (Falkenberg et al. 2020: 18–24). Laut der IMU-Studie „Digitalisierung im Maschinenbau" sind folgende Gestaltungsfelder für die Interessenvertretung hervorzuheben (Dispan, Schwarz-Kocher 2018: 72–84):

- Betriebsrats-Strategie für die digitale Transformation erarbeiten
- Gute Arbeit im digitalisierten Maschinenbau gestalten
- Prozessorientierte Betriebsvereinbarung als Rahmen für die Digitalisierung abschließen
- Beteiligungsprozesse für die Beschäftigten organisieren

Der tiefgreifende Wandel der Arbeitswelt durch die digitale Transformation erfordert die umfassende Beteiligung der Mitbestimmungsträger in den Unternehmen. Insbesondere geht es um die frühzeitige Einbindung von Betriebsräten, um die (Mit-) Gestaltung von Digitalisierungsprozessen und um Regelungsbedarfe bei Fragen der Arbeitsgestaltung, der Arbeitsbedingungen, der Personalentwicklung und des Datenschutzes. Betriebsräte sollten sich aber nicht auf Regelungen zum Datenschutz der Beschäftigten beschränken, sondern das gesamte Spektrum der arbeits- und betriebspolitischen Themen in den Blick nehmen, weil Digitalisierung ein Querschnittsthema mit vielfältigen Auswirkungen auf die Arbeitswelt ist.

Diese breite Palette an Gestaltungsfeldern zeigt, wie hoch die Anforderungen an Betriebsräte sind: Die digitale Transformation ist mit einer hohen Komplexität und mit kaum vorhersehbaren Prozessen verbunden. Manches im Bereich der Software-Systeme und digitalen Zwillinge läuft eben „eher im Verborgenen" ab, mit „unsichtbaren" Veränderungen, deren Wirkungen auf Arbeit schwer zu erkennen sind. Vielfach stoßen Betriebsräte hierbei wegen begrenzter Ressourcen und mangelnder Qualifizierung an ihre Grenzen. Damit die digitale Transformation zum Erfolgsprojekt für die Branche und die Beschäftigten wird, gilt es daher, die Betriebsräte hinsichtlich Qualifizierung und Ressourcenausstattung zu stärken.

Eine zentrale Aufgabe der Mitbestimmungsträger im Maschinenbau ist es, Beteiligungsprozesse für die Beschäftigten zu organisieren und in den betrieblichen Abläufen zu verankern. Durch Beteiligung der Beschäftigten gelingt es dem Betriebsrat, Themen zu setzen und gute Arbeitsbedingungen zu erreichen. Nach wie vor bleibt die Gestaltung guter Arbeit eines der wichtigsten Handlungsfelder für Mitbestimmungsträger. Insgesamt sollten sichere Arbeitsplätze und gute Arbeitsbedingungen in der gesamten Branche das Ziel sein.

Literatur

Dispan, J.: Branchenanalyse Medizintechnik. Beschäftigungs-, Markt- und Innovationstrends Düsseldorf (= Working Paper der Hans-Böckler-Stiftung, Nr. 183/2020) (2020)

Dispan, J., Schwarz-Kocher, M.: Digitalisierung im Maschinenbau. Entwicklungstrends, Herausforderungen, Beschäftigungswirkungen, Gestaltungsfelder im Maschinen- und Anlagenbau. Düsseldorf (= Working Paper der Hans-Böckler-Stiftung, Nr. 94/2018) (2018)

Falkenberg, J., Haipeter, T., Krzywdzinski, M., Kuhlmann, M., Schietinger, M., Virgillito, A.: Digitalisierung in Industriebetrieben. Düsseldorf (= Report der Hans-Böckler-Stiftung, Nr. 6/2020) (2020)

Hirsch-Kreinsen, H.: Digitalisierter Maschinenbau – Wandel und Entwicklungschancen qualifizierter Arbeit. IG Metall, Frankfurt a. M. (2017)

Hirsch-Kreinsen, H., Ittermann, P., Niehaus, J. (Hrsg.): Digitalisierung industrieller Arbeit. Die Vision Industrie 4.0 und ihre sozialen Herausforderungen, 2. Aufl. Nomos, Baden-Baden (2018)

Kuhlmann, M., Voskamp, U.: Digitalisierung und Arbeit im niedersächsischen Maschinenbau. Göttingen (SOFI-Arbeitspapier 2019–15) (2019)

Oetter, C.: Presse Preview AMB 2018 (VDMA). Stuttgart (2018)

Pfeiffer, S., Lee, H., Zirnig, C., Suphan, A.: Industrie 4.0 – Qualifizierung 2025. VDMA, Frankfurt (2016)

Stroheker, S.: Buchung wie von Geisterhand. Comput. Arbeit. **1**, 20–24 (2020)

VDMA – Verband Deutscher Maschinen- und Anlagenbau: Industrie 4.0 – Bausteine bereiten den Weg. VDMA, Frankfurt a. M. (2019)

Deutschland als nachhaltigen Wirtschaftsraum gibt es nur als führende Technologienation

Dagmar Dirzus[✉]

Verein Deutscher Ingenieure, 40468 Düsseldorf, Deutschland

Dirzus@vdi.de

Zusammenfassung. Damit Deutschland nachhaltiger Wirtschaftsraum bleibt, muss in Forschung und Entwicklung, Geschäftsmodellinnovation und Kompetenzentwicklung im Bereich hybrider Leistungsbündel sowie der Plattform-Ökosysteme breitflächig investiert werden.

Dahinter steht das Ziel, Deutschland wieder zu einer der führenden Technologienationen zu machen, denn diese Position hat Deutschland, als die Digitalisierung Einzug erhielt, in vielen Feldern verloren. Nun gilt es, Boden wieder gut zu machen und nach den Bereichen Daten-Hosting und B2C-Plattformen, die fest in US-amerikanischer und chinesischer Hand sind, jetzt das bedeutende Feld der Plattform-Ökonomie zu gestalten, in denen Prozess-Know-how mit Fertigungs-Wissen kombiniert wird, Expertenwissen im Anlagenbau und Produktionsplanung zusammenkommen sowie die Erfahrungen mit produktionsnahen und produktspezifischen Dienstleistungen die Basis hybrider Leistungsbündel darstellen. Der Wettkampf um dieses weltweit bedeutende, weiße Feld auf der Landkarte der webbasierten und mit Plattformen verbundenen Business Ecosystems und mit diesen den hybriden Leistungsbündel im B2B- sowie B2C-Bereich, hat gerade erst begonnen – und Deutschland startet dazu aus einer hervorragenden Ausgangslage.

Damit diese Pole-Position ausgebaut werden kann, müssen die technologischen Enabler (Modularität, Konnektivität, Digitaler Zwilling und Autonomie) sowie die Geschäftsmodell-Enabler (Denken in Geschäftsmodellen, Resilienz sowie Wertschöpfungsnetze und Plattform-Ökonomie) konsequent angegangen werden. Dabei wird die Fähigkeit, Kooperationen einzugehen, zu einer Kernkompetenz, denn nur durch das schnelle, flexible Zusammenbringen von Kompetenzen, schaffen wir den eigentlichen und nicht schnell kopierbaren Mehrwert für hybride Leistungsbündel, in denen physische Produkte und smarte Services verschmelzen und neue Geschäftsmodelle ermöglicht werden.

Offene Datennetze, die Bereitschaft, Daten zu teilen und Open-Source-Ansätze werden mit diesen Kooperationen zur kritischen Voraussetzung für die Wertschöpfung von heute und morgen. IT Security und Intellectual Property müssen gewahrt bleiben, doch darf die Angst vor dem Missbrauch von Daten nicht dazu führen, dass ad hoc und für spezielle Produkte zu gestaltende Supply Chains nicht organisiert, den wahrgenommenen Kundennutzen bietende Services zu physischen Produkten nicht erstellt oder freie Produktionskapazitäten nicht genutzt werden. „Mehrwert" heißt morgen „Kooperation"!

E. A. Hartmann (Hrsg.): *Digitalisierung souverän gestalten*, S. 133–142, 2021.
https://doi.org/10.1007/978-3-662-62377-0_10

Schlüsselwörter: Geschäftsmodellinnovation · Resilienz · Kooperation · Offene Datennetze · Wertschöpfungsnetze · Smart Services

1   Wertschöpfungs-Netzwerke – ein Paradigmenwechsel

1.1   Vom Nutzen der Kooperation

Die Treiber für den Paradigmenwechsel in der Zusammenarbeit der deutschen Industrieunternehmen sowie bei der Implementierung neuer Wertschöpfungs-Netzwerke sind Vernetzung, Transparenz und datenbasierten, kollaborativen Entwicklung [1]. Dies war eine der Thesen, die in der VDI/VDE-Gesellschaft Mess- und Automatisierungstechnik (GMA) 2016 im Fachausschuss „Geschäftsmodelle" unter Leitung von Professor Frank T. Piller (RWTH Aachen) formuliert wurde und die heute nach wie vor Bestand hat.

Aus Sicht der Geschäftsmodell-Innovationsforschung liegt den Konzepten vieler neuer Geschäftsmodelle ein kollaborativer Charakter zugrunde. Doch der weit überwiegende Teil der deutschen Unternehmen ist gerade erst dabei, die technischen Vernetzungsstrukturen zu schaffen, die notwendig sind, um über neue Geschäftsmodelle jenseits inkrementeller Innovation nachdenken zu können. Das Teilen von Daten, auch in erprobten Netzwerken, Transparenz, Durchgängigkeit und das Schlagwort „Echtzeit" sowie die Teilnahme an offenen Plattformen, stecken noch in den Kinderschuhen – auch und gerade weil der Nutzen nur selten oder gar nicht im Vorhinein bewertet oder gar monetär nachgewiesen werden kann. Solange der Nutzen nicht klar ist, werden die wenigsten Unternehmen, insbesondere die KMU, die ihre Gelder nicht erst seit der Pandemie genauestens planen müssen und keine Extra-Budgets für große Forschungsvorhaben vorhalten, nicht investieren – nicht in KI, nicht in Vernetzung oder die Plattform-Ökonomie. Das aber ist der springende Punkt, wenn wir die Investitionslandschaft in datengetriebene Geschäftsmodelle deutschlandweit und auf einer abstrakten Ebene betrachten. Damit jedoch der Stein ins Rollen kommt, benötigen wir in Deutschland einen deutlich höheren Umsetzungsgrad digitaler Geschäftsmodelle und flexibler Kooperationen – nicht nur in einigen Vorreiter-Unternehmen und Leuchttürmen – sondern flächendeckend, quer über unterschiedliche Branchen und über unterschiedliche Teilnehmer an der Wertschöpfungskette von den Lieferanten der Basismaterialien über die Produzenten und die Logistik bis zum Lieferanten der webbasierten Dienstleistungen durch die gesamte industrielle Landschaft. Der Nutzen muss in Form möglicher Marktdifferenzierung klar aufgezeigt und in monetärem, messbarem Erfolg ausgedrückt werden, damit die notwendigen Investitionen in Infrastruktur, Know-how und neue Organisationsformen sowie Kulturwandel erfolgen.

1.2   Wertschöpfungsnetze werden die traditionelle Supply Chain ersetzen

In der Zeit der Pandemie wurde deutlich, wie schnell der Wandel von Märkten vonstattengehen kann und ganze, etablierte Märkte zusammenbrechen sowie neue auftauchen. Plötzlich werden Beatmungsgeräte und Pharmaerzeugnisse zum höchsten

Gut, während Restaurants, Fluggesellschaften oder Bahnverkehr nachhaltig zusammenbrechen. Die heimische Automobilindustrie, die manche Trends wie die Elektromobilität geradezu verpasst hatte und gerade zu einer Aufholjagd ansetzte, war damit beschäftigt, ihre Konkurrenz (aus dem eigenen und aus anderen Ländern) zu beobachten, erlebt mit dem plötzlichen wirtschaftlichen Zusammenbruch des Einzelhandels, der ein Motor der Wirtschaftskraft ist, einen weltweiten Abschwung, während Logistikunternehmen und Handelsplattformen antifragil reagieren und einen nie geahnten Aufschwung erleben. Doch auch in weniger beachteten Bereichen wie der Fitness-Branche erlebten wir einen Wandel und, während die Studios leer blieben, kommt die Produktion von Fitnessgeräten für das Home-Gym den Nachfragen kaum nach. Diese Liste könnte über Baumärkte bis Fahrradproduktion im Positiven oder Tourismusindustrie bis zu Schiffswerften im Negativen nahezu endlos fortgesetzt werden.

Wichtig ist, dass dieser einschneidende Wandel zeigt, was wir wirklich brauchen: flexible Lieferketten, um agil auf sich ad hoc verändernde Nachfragen am Markt reagieren zu können. Wenn Desinfektionsmittel zur Mangelware werden, müssen wir keine riesigen Lagerhallen aufbauen, um auf jede Eventualität vorbereitet zu sein (denn das nächste Mal fehlt Nickel für dringend benötigte Akkus o. A.), sondern neue Fähigkeiten aufbauen: Agilität und Flexibilität, die Möglichkeit Ad-hoc-Kooperationen einzugehen, die Kompetenz zur Innovation von Produkten und Geschäftsmodellen sowie die Fähigkeit, schnell neue Ökosysteme dynamisch zu erschaffen. Dynamisch heißt, dass diese Wertschöpfungsketten, die sich schnell ergeben, ebenso schnell wieder gelöst werden, sobald die Nachfrage nachlässt, um sich in anderen Ketten wieder zusammenzuschließen, um ganz andere Produkte herzustellen. Es geht nicht nur darum, die eigene Produktion auszulasten, sondern darum, flexibel und schnell neue, passende Partner zu finden und damit um die zentrale Fähigkeit, sich verändernde Märkte schneller zu erfassen und zu bedienen oder sogar zu erschaffen.

1.3   Mehr Resilienz wagen

Hier wird sichtbar, dass unternehmensintern Abteilungen wie strategisches Marketing, die wissen, was der Kunde morgen will, der Vertrieb, der weiß, was der Kunde heute für Probleme gelöst haben will, mit den Abteilungen Innovation und F&E zusammengebracht werden muss. Darüber hinaus muss das Verständnis Einzug halten, flexibler und schneller Kooperationen zu wagen, mit Mut Forschung kooperativ zu gestalten und Entwicklungen schneller und in kleineren Schritten auf den Markt zu bringen. Hier geht es um Resilienz gegenüber Störungen. Diese Störungen können interner Natur sein, wenn die Fertigung wegen Maschinenausfall zum Stehen kommt, innerhalb einer Lieferkette, wenn einzelne Lieferanten ausfallen, externer Natur sein, wenn neuartige Produkte hergestellt werden, die nur in neuen Wertschöpfungsketten produziert werden können oder disruptiver Natur sein, wenn wirtschaftliche oder naturbedingte Störungen der globalen Supply Chains auftreten oder disruptive Kräfte ganze Märkte und Branchen verändern.

1.4   Empfehlung 1

Schaffen Sie die Fähigkeit, flexibel und agil zu sein. Bauen Sie in Ihrer Organisation Know-how im Bereich Digitalisierung, internetbasierte Serviceleistungen und KI auf. Befähigen Sie Ihre Organisation, Geschäftsmodelle zu innovieren und Daten gewinnbringend in Serviceleistungen zu wandeln. Schaffen Sie ein innovatives und kreatives Umfeld. Bringen Sie Bereiche wie strategisches Marketing und Vertrieb mit Entwicklungsabteilungen und Forschungseinrichtungen zusammen, um erfolgreich Kundenwünsche zu adaptieren [2].

2   Geschäftsmodell-Enabler

2.1   Individualisierung von Produkten durch digitale Augmentierung

Bei der Frage, was die Kunden wollen, kommt es bereits seit Ende der 1990er-Jahre zu der Forderung nach der Individualisierung von Produkten. Das geht so weit, dass die Automobilproduktion mit hohem finanziellen Aufwand die Produktion so weit anpasste, dass der Kunde eine Änderung seiner Konfiguration noch vornehmen konnte, wenn das Automobil bereits angefangen wurde, produziert zu werden. Es gibt nur wenige Beispiele, bei denen die Individualisierung physischer Massen-Produkte zum Geschäftsmodell gehört und die mehrere Jahre daran festhalten. Eines der Beispiele, die heute noch auf dem Markt sind, ist das Nutella-Glas. Ist daher die These falsch? Ganz im Gegenteil, aber die Individualisierung wurde auf einer ganz anderen Ebene realisiert.

Die Individualisierung wurde eher selten in der physischen Welt realisiert (auch wenn viele ihr Auto sehr individuell am Rechner stylen – das ist sehr deutsch, in den USA nehmen die Kunden den Neuwagen so, wie er im Schaufenster steht und selbst Landmaschinen werden nicht angepasst, sondern die Kunden nehmen, was angeboten wird und fahren damit aus der Halle), sondern es geht um die Anpassung von Produkten in der virtuellen Welt. Hier ist das Smartphone das beste Beispiel. Kaum jemand könnte selbst mit dem Smart Phone des eigenen Sohnes oder Partners im ersten Moment etwas anfangen – die benötigten Apps sind nicht installiert und selbst wenn dies der Fall ist, sind sie an unterschiedlichen Stellen zu finden. Die Musik ist nicht dieselbe, die Bücher auch nicht, die Kontakte sind nicht eingepflegt, die E-Mails nicht abrufbar, die Fotos nicht zu sehen, LinkedIn ist mit dem falschen Konto verknüpft und die Kommunikation über Chat Services wie WhatsApp oder Threema funktioniert gar nicht. Im Prinzip ist es erst dann nutzbar, wenn es komplett neu aufgebaut wurde. Es sind also die Software-Lösungen, die die Produkte individualisieren.

Im B2C-Bereich sehen wir schon seit Jahren den weiter steigenden Trend der „digitalen Augmentierung" physischer Produkte, also den Ansatz, greifbare Produkte und digitale Dienste zu einem wertschöpfenden Angebotsbündel zusammenzufügen. Dies hat einen großen Vorteil, denn der Kundennutzen beschränkt sich nicht auf die einmal gekauften Ab-Werk-Features, sondern auf den kompletten zeitlichen Einsatz, da über Updates oder Neukonfiguration der Software neue Leistungen angeboten werden können. Der Erfolg und ökonomische Nutzwert dieses Konzepts kann von den B2C-Märkten auf B2B übertragen werden. Insbesondere, wenn in der Produktion mehr Flexibilität und schnellere Kooperationen gefordert sind, werden diese Optionen zum Key Selling Point und Software wird damit in noch größerem Maße zum zentralen Differenzierungsmerkmal. Dann kann es, wie im Fall von Tesla, auch passieren, dass ein Produkt von den Kunden angenommen wird, wenn die Hardware aus Kundensicht als „good enough" (nicht exzellent) angenommen wird, weil die vormals noch als „Add On" verstandene Software zum Kernprodukt wird [3]. Damit wird ein ganz neuer Markt betreten – denn von dem Moment, in dem die Software an Bedeutung als wahrgenommener Kundennutzen zunimmt, werden auch die generierten Daten immer wichtiger.

2.2 Von der Produktionsoptimierung zu neuen Geschäftsmodellen

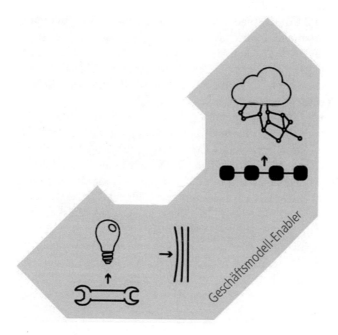

Wenn Produkte und Produktionsanlagen mit weiterer Software ausgestattet werden, wird eine Vielzahl von Nutzungsdaten generiert. Werden diese Daten auf die richtige Weise ausgewertet, können (auch latente) Kundenwünsche oder Bedürfnisse erfasst und mit den richtigen Geschäftsmodellen bzw. Angeboten befriedigt werden. Selbstverständlich sind nicht alle Daten dazu geeignet, denn bspw. sind die in Millisekunden innerhalb von Produktionsanlagen und Maschinen ausgetauschten Steuerungsbefehle nicht verwertbar, da sie entweder zu unwichtig und damit nutzlos sind oder, richtig ausgewertet, Rückschlüsse auf Einstellungsparameter und Materialien zulassen, die ausschließlich dem Betreiber der Anlage zustehen, insbesondere dann, wenn das Produktionsverfahren an sich das höchste Know-how des Betreibers darstellen.

Andererseits können Nutzungsdaten, die dem Hersteller der verwendeten Maschine zur Verfügung gestellt werden, ermöglichen, dass Services wie Condition Monitoring den Ausfall von Maschinen verhindern oder dass die Maschine für andere Produkte adaptiert und mit optimalen Parametern ausgestattet wird. „Adaptive" Produkte können während ihrer Verwendung digital beeinflusst und an veränderte Anforderungen angepasst werden.

Nutzungs- und kontextbezogenen Daten stehen heute in größer Menge zur Verfügung und bieten Chancen für die Entwicklung innovativer Produkte, Dienstleistungen und Geschäftsmodelle. Doch der Großteil der derzeit generierten und ausgewerteten Daten wird heute jedoch lediglich für die eigene Produktionsoptimierung genutzt und weniger, um Geschäftsmodelle zu innovieren. Doch sind die meisten Produktionsanlagen und -prozesse in Deutschland ausoptimiert. Wenn die Daten jetzt nicht für neue hybride Produkte und Geschäftsmodellinnovationen genutzt werden, wird Deutschland das Nachsehen haben, denn, auch wenn mit Produktionsoptimierung 1000 € pro Stunde bei der Herstellung von Produkten gespart werden, werden Geschäftsmodelle, die mit Daten disruptiv mehr als 1 Mio. € pro Tag erwirtschaften, überlegen sein – nur, das Risiko, dass die Innovation nicht den erhofften wirtschaftlichen Erfolg zeigt, ist höher, als bei inkrementeller Optimierung.

Die Herausforderung ist Folgende: nehmen wir an, ein familiengeführten KMU, das Stellgeräte für die Pharmaindustrie herstellt, möchte innovative, datenbasierte Services anbieten. Die softwarebasierte Individualisierung bedeutet eine verbesserte Differenzierung am Markt. Dem Hidden Champion fehlen jedoch die Kompetenzen, mit Big Data Analytics gepaarte Condition Monitoring Services anzubieten, weswegen er sich diese Kompetenz von einem in einem Niedriglohn-Land ansässigen Start-up holt. Nach erstem Erfolg bietet das Start-up an, die Daten-basierten Services auszubauen und Daten aus dem Betrieb der Stellgeräte zu aggregieren und so aufzubereiten, dass neue Dienstleistungen angeboten werden können. Die Verhandlungen führt das Start-up über die Daten direkt mit den Betreibern der Anlagen, um den Schutz dieser sicher zu stellen. Sie sehen das Problem? Der Hersteller der Stellgeräte ist weiterhin der Hersteller der Stellgeräte, doch das Geld mit den Services, den Ausbau dieses Geschäfts und den direkten Kundenkontakt mit allem Know-how über dessen latente Wünsche, die sind woanders [4].

2.3 Plattform-Ökosysteme

Wenn neue Geschäftsmodelle mit Daten auch in Deutschland etabliert werden sollen, um mit hybriden Leistungsbündel und Smart Services neue Wertschöpfung zu generieren, sind passende Plattformen für den B2B-Bereich unerlässlich. Hier müssen eben jene Daten, die bei den Kunden durch die Nutzung von Geräten oder Maschinen generiert werden, entweder aggregiert und soweit anonymisiert werden, dass der Hersteller der Maschinen aus diesen Daten lernen und darauf aufbauend neue Services allgemein anbieten kann oder genau diese Daten zwischen den Partnern ausgetauscht werden können, dass ein Missbrauch vertraglich und im Sonne einer langjährigen Partnerschaft unterbunden wird, sodass beide Partner von den Daten und neuen Services profizieren können.

Die entstehenden und noch zu entwickelnden neuen Eco-Plattformen können zudem die Voraussetzung für eine Flexibilisierung der Supply Chains im Sinne der oben beschriebenen Wertschöpfungsnetze bieten: freie Produktionskapazitäten oder Ersatzkapazitäten können dann nicht nur im Fall von Ausfällen, sondern auch bei Produktionsengpässen durch unvorhergesehen erhöhte Marktnachfrage oder für innovative Produkte mehrerer Partner schnell gehandelt werden.

Eine gute Basis, solche Plattformen aufzusetzen und auf Produktionskapazitäten bis hinunter zu einzelnen Maschinen auch KI-basiert zu verhandeln, verspricht das „Digitale Typenschild", mit dem es möglich ist, die Verwaltungsschale abzubilden und damit den Digitalen Zwilling mit jedem Produkt mitzuführen [5]. Wenn dieses Typenschild breitflächig Anwendung findet, könnte zum Teil auf langwierige physische Qualitätstests, die bis zu einem drei viertel Jahr dauern können, zugunsten schneller virtueller Tests verzichtet werden und damit eine weitaus schnellere Reaktionsgeschwindigkeit für ad-hoc-Wertschöpfungsnetzwerke, die über die neuartigen Plattformen gemakelt und automatisiert unterstützt, vertraglich abgesichert werden. Qualitätsaudits könnten durch Simulationen ergänzt werden. Ebenso könnten freie Produktions-, Lager- oder Montagekapazitäten über solche Plattformen verhandelt werden. Mittels des Digitalen Zwillings und der Simulation der benötigten Kapazitäten Qualität, Quantität sowie Termintreue abgeschätzt und verhandelt werden [6]. Doch dafür sind technologische Voraussetzungen zu schaffen, die zwar in der Theorie und in Forschungsergebnissen vorliegen, aber außer einzelnen Leuchtturmprojekten noch nicht Eingang in die Praxis gefunden haben.

3 Technologische Enabler

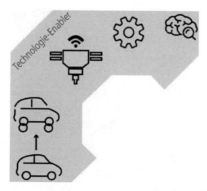

Die technologischen Enabler Modularität, Konnektivität, Digitaler Zwilling und Autonomie müssen weiterentwickelt werden, um die neue Plattform-Ökonomie, die notwendigen Wertschöpfungsnetze, die Flexibilisierung der Produktion und die hybriden Leistungsbündel zu ermöglichen [7].

3.1 Modularität

Das Design komplexer Produkte und Systeme sollte modular erfolgen. Auf die Art können die Produkte leichter an neue Anforderungen der Märkte oder unterschiedliche Kundengruppen sowie bei Lieferengpässen oder Ausfall von Lieferanten angepasst werden. Insbesondere der Austausch einzelner Module über den Lebenszyklus bietet ein großes Maß an Flexibilität, da nicht nur defekte Module ausgetauscht, sondern neue Funktionalitäten ermöglicht werden können. Resilienz by Design bedeutet dabei, dass nicht Top-down und in Hierarchien gedacht wird, die irreversibel sind, sondern von vornherein die Module inklusive der physischen wie der Softwarekomponenten kompatibel und austauschbar sind.

3.2 Konnektivität

Wenn Module austauschbar und kompatibel sein sollen, müssen sie, als Grundvoraussetzung, miteinander verbunden werden können, also Konnektivität bieten. Im komplexen System müssen sie nicht nur untereinander, sondern auch mit neben-, über und untergelagerten Systemen in der gewünschten Geschwindigkeit und Zuverlässigkeit kommunizieren, also ein IoT-Ecosystem bilden können. Nur eine bruchfreie Kommunikation aller Komponenten eines Produktionssystems ermöglicht die Effizienz, die wir benötigen.

3.3 Digitaler Zwilling

Konnektivität und Interoperabilität mit IT (ECO-)Systemen sind wesentliche Fähigkeiten Digitaler Zwillinge. Diese Fähigkeiten werden benötigt, um Daten des physischen Produkts und seiner digitalen Services zu erfassen, zu speichern, zu verarbeiten und bei Bedarf wieder bereitzustellen oder um mit dem repräsentierten, physischen oder virtuellen Objekt zu kommunizieren [8]. Für die neuen Wertschöpfungsnetze und Eco-Plattformen für die produzierende Industrie und ihrer Smarten Services sind Digitale Zwillinge unabdingbar, denn die ermöglichen, dass Aussagen zu dem zu erwartenden Systemverhalten getroffen werden können. Entweder, wenn das System noch nicht existiert oder, wenn noch nicht sicher ist, wie sich eine Maschine in eine bestehende, miteinander kommunizierende Produktionsanlage einfügen kann und auch, um bei kooperativer Produktion Qualitäten, zeitliche Verfügbarkeiten und Output-Quantitäten einzuschätzen.

3.4 Autonomie

Gerade diese komplexen Produktionssysteme benötigen eine ganz andere Art der Optimierung. Aufgrund ihrer Komplexität und der oben beschriebenen, geforderten Flexibilität, kann ihre Anpassung nur mithilfe autonomer Systeme erfolgen, die den Menschen bei seiner Optimierungsaufgabe unterstützen. Das autonome System besteht dabei aus den drei Komponenten Automation, Digitaler Zwilling und KI. Entscheidend für ihren Einsatz ist ihre Akzeptanz bei den zukünftigen Anwendern. Dafür ist es wichtig, dass die verantwortlichen Personen jederzeit ultimativ eingreifen können. Aber dies kann nur dann sinnvoll geschehen, wenn das, was die autonomen Systeme tun, reproduzierbar und erklärbar ist, also genügend Transparenz vorliegt. Solange dies in der eigenen Produktion stattfindet, ist die Transparenz ein geringes Problem, doch in dem Moment, wenn wir solche autonomen Systeme in den Anlagen von Betreibern etablieren oder spätestens, wenn wir das automatisierte Fahren betrachten, werden wir über Datenhoheit reden müssen. Wenn wir jedoch keinen Weg finden, so viel Vertrauen zu generieren, dass Daten zwischen Vertragspartnern ausgetauscht werden können, weil das Misstrauen überwiegt, werden alle hier beschriebenen Konzepte, die Deutschland als Technologienation wieder nach vorne bringen sollen, scheitern.

3.5 Kollaboration und Transparenz

Den hier genannten Konzepten für Wertschöpfungsnetze, Geschäftsmodellinnovation und neuartige Business-Ökoplattformen liegt ein kollaborativer Charakter zugrunde. Die Konzepte basieren in erster Linie auf Transparenz, Durchgängigkeit, dem Teilen von Daten, der Teilnahme an offenen Plattformen und auch der Nutzung von Open Source Software. Hier müssen wir in Deutschland einen Kulturwandel erreichen und in Infrastruktur, Know-how sowie in neue Organisationsformen und den Kulturwandel in Unternehmen investieren, da sonst eine globale Marktdifferenzierung nicht erzielt werden kann. Selbstverständlich muss dazu der Nutzen als klar messbarer (monetärer) Erfolg sichtbar gemacht werden, um die notwendige Breitenwirkung zu erzielen.

Die Diskussion um Daten-Souveränität ist daher besonders wichtig, doch dürfen wir über die Diskussion den Mut zur Veränderung nicht verringern. Im ersten Halbjahr 2020, im Druck der Pandemie sind sehr viel mehr innovative Ideen entstanden, als in den drei Jahren zuvor und ihre Umsetzung in ersten „minimal viable products" hat wesentlich weniger Zeit in Anspruch genommen, als diese Veränderungen unter normalen Bedingungen vermutlich benötigt hätten. Wenn wir auch nur eine einzige positive Sache aus dieser Situation mitnehmen können, dann ist das der Mut zur Veränderung und die Erkenntnis, dass ein schneller Wandel möglich ist. Die Bereitschaft, mit höherem Risiko ein neues Produkt oder eine neue und auch neuartige Kooperation auszuprobieren und später nachzujustieren, also mit agilem Prozessmanagement zu agieren, sollten wir in die Zukunft mitnehmen und aus unseren Erfahrungen lernen.

Literatur

1. VDI/VDE-Gesellschaft Mess- und Automatisierungstechnik: Geschäftsmodelle mit Industrie 4.0 – Digitale Chancen und Bedrohungen. S. 5, These 8, VDI-Statusreport (06 2016)
2. Dr. Kurt D. Bettenhausen, Dr. Dagmar Dirzus, atp magazin: Automation 2030 – Wie wollen wir unsere Zukunft in Deutschland gestalten? S. 12 (06/07 2020)
3. Prof. Dr. Frank T. Piller, Christian Gülpen, Dr. Dagmar Dirzus, atp magazin: Geschäftsmodelle 4.0 – Vision und Wirklichkeit, 10 Thesen und wie sie Realität werden könnten (forthcoming 10/11 2020)
4. VDI/VDE-Gesellschaft Mess- und Automatisierungstechnik: Automation 2030 – Zukunft gestalten, Szenarien und Empfehlungen. S. 8, Szenario 1 das Faultiersyndrom, VDI-Thesen und Handlungsfelder (forthcoming 10 2020)

5. ZVEI und Helmut-Schmidt-Universität Hamburg: Das Digitale Typenschild 4.0 (11 2019)
6. VDI/VDE-Gesellschaft Mess- und Automatisierungstechnik: Automation 2030 – Zukunft gestalten, Szenarien und Empfehlungen. S. 21, Geschäftsmodell-Enabler, VDI-Thesen und Handlungsfelder (forthcoming 10 2020)
7. VDI/VDE-Gesellschaft Mess- und Automatisierungstechnik: Automation 2030 – Zukunft gestalten, Szenarien und Empfehlungen. S. 18, Technologische Enabler, VDI-Thesen und Handlungsfelder (forthcoming 10 2020)
8. Stark, R. et al.: WiGeP-Positionspapier: „Digitaler Zwilling". https://www.wigep.de/fileadmin/Positions-_und_Impulspapiere/Positionspapier_Gesamt_20200401_V11_final.pdf. Zugegriffen: 5. Aug. 2020

Digitale Souveränität und Künstliche Intelligenz für den Menschen

Roland Vogt[✉]

Labor für Zertifizierung und Digitale Souveränität, Deutsches
Forschungszentrum für Künstliche Intelligenz GmbH (DFKI), Saarland
Informatics Campus D3 2, 66123 Saarbrücken, Deutschland
`roland.vogt@dfki.de`

Zusammenfassung. Die Förderung der digitalen Souveränität von Personen,
die von der Verwendung von Systemen der Künstliche Intelligenz (KI)
betroffen sind, wird nur gelingen, wenn die KI selbst die Handlungsfähigkeit
und -kompetenz des einzelnen Menschen unterstützt, statt sie seiner Kontrolle
zu entziehen. Dies verlangt die Gestaltung von KI für den Menschen mit eingebauter digitaler Souveränität (Sovereignty by Design). Dafür spielt die
Schaffung von Rahmenbedingungen aus Standardisierung und Bewertung eine
zentrale Rolle.

Schlüsselwörter: Digitale Souveränität · Künstliche Intelligenz · Sovereignty
by Design

1 Einleitung

Wenn eine neue Technologie boomt, entstehen innovative Produkte, Dienstleistungen,
Prozesse, Strukturen und Kompetenzen. Diese Innovationen führen zu erheblichen
Veränderungen in ihren Anwendungsbereichen, verbunden mit der Verbesserung,
Umgestaltung oder Ablösung von bisher bewährten Technologien. Die Veränderungen
reichen umso weiter, je breiter ihre Anwendungsbereiche gestreut sind.

Eine solche Technologie ist die Künstliche Intelligenz (KI). Angetrieben durch
zunächst vereinzelte herausragende Erfolgsgeschichten im maschinellen Lernen
als wichtigem Teilgebiet der KI, wie etwa für komplexe Strategiespiele oder autonome Fahrzeuge, werden derzeit durch die breite Verwendung von KI systemische
Veränderungen in den unterschiedlichsten Anwendungsbereichen eingeleitet.
Die Anwendungsmöglichkeiten von KI werden überall da erschlossen, wo durch
Digitalisierung große Mengen an Daten verarbeitet werden. Sie greift dabei signifikant in die grundlegenden Prinzipien globaler Infrastrukturen wie Verkehr, Energie,
Industrie, Agrarwirtschaft, Kreditwirtschaft, Gesundheit und Verwaltung ein.

Begleitet wird der KI-Boom von einem breiten politischen und gesellschaftlichen
Diskurs über die Chancen, aber auch die Risiken der beginnenden Veränderungen.
Über die Glaubwürdigkeit und Vertrauenswürdigkeit von KI wird ebenso diskutiert
wie über gesetzliche und ethische Beschränkungen ihres Einsatzes. Die Diskussion
wird kontrovers und emotional geführt. Eine Versachlichung der Argumentation

E. A. Hartmann (Hrsg.): *Digitalisierung souverän gestalten*, S. 143–150, 2021.
https://doi.org/10.1007/978-3-662-62377-0_11

ist schwierig, weil das Verhalten von KI-Systemen häufig auch von Experten nur unzureichend verstanden und erklärt werden kann. So ist etwa nur bedingt vorhersehbar, ob ein autonomes Fahrzeug bestimmte Situationen falsch einschätzt und damit das Leben von Verkehrsbeteiligten gefährdet. Dies stellt auch Versicherungen vor neuartige Herausforderungen für die Kalkulation von Risiken.

Die wissenschaftliche Forschung stellt sich diesen Herausforderungen durch Intensivierung und Vernetzung der internationalen Zusammenarbeit. Erwähnt sei hier die Initiative Confederation of Laboratories for Artificial Intelligence Research in Europe (CLAIRE) [1], ein paneuropäisches Bündnis von Forschungslaboren für KI in Europa. CLAIRE wird sich auf eine vertrauenswürdige KI konzentrieren, die die menschliche Intelligenz fördert, anstatt sie zu ersetzen, und die somit jedem einzelnen Menschen zugutekommt.

Die Förderung von vertrauenswürdiger KI für den einzelnen Menschen ist eng verknüpft mit der digitalen Souveränität, das heißt, mit der Möglichkeit und Fähigkeit des einzelnen Menschen, KI-Technologie kompetent und zielgerichtet so einzusetzen, dass sie die eigene Handlungsfähigkeit und -kompetenz unterstützt, statt sie seiner Kontrolle zu entziehen.

2 KI für den Menschen

Ausgangspunkt unserer Betrachtung sind Richtlinien für ethische und vertrauenswürdige KI, die in großer Zahl von verschiedensten Organisationen veröffentlicht worden sind [2]. Ein vergleichender Überblick dieser Richtlinien ist kaum möglich. Und dies ist auch nicht unser Ziel. Wir konzentrieren uns hier vielmehr auf den Vorschlag einer von der Europäischen Kommission eingesetzten, unabhängigen, internationalen Expertengruppe aus unterschiedlichen Disziplinen. Die von dieser Expertengruppe verfassten Ethischen Richtlinien für vertrauenswürdige KI [3] zeichnen sich durch die fachliche Exzellenz der Expertengruppe einerseits und die Ausstrahlung auf die gesamte Europäische Union andererseits aus.

Die Richtlinien [3] der Europäischen Kommission skizzieren einen Rahmen für vertrauenswürdige KI und zielen dabei auf die Gewährleistung ethischer Grundsätze und Werte sowie auf die Gewährleistung der Robustheit aus einer technischen und gesellschaftlichen Perspektive. Sie beschäftigt sich ausdrücklich nicht mit rechtlichen Rahmenbedingungen für den Einsatz von KI-Technologie. Bei unserer Auswertung stehen die Auswirkungen der Verwendung von KI auf den Menschen im Fokus der Untersuchung, weshalb die Ausblendung rechtlicher Fragestellungen angemessen ist.

Aus der Charta der Grundrechte der Europäischen Union [4] werden in den Richtlinien [3] zusammenfassend die folgenden vier ethischen Grundsätze für vertrauenswürdige KI hergeleitet:

1. Achtung der Autonomie des Menschen (Selbstbestimmung)
2. Abwendung von Schaden (mentale und körperliche Unversehrtheit)
3. Fairness (Ausgleich der Interessen)
4. Erklärbarkeit (Nachvollziehbarkeit und Vorhersagbarkeit)

Durch die Orientierung an den Grundrechten der EU wird deutlich, dass die Grundsätze und Anforderungen der Richtlinien [3] den einzelnen Menschen ins Zentrum der Betrachtung stellen. KI für den Menschen kann damit als Leitgedanke der Richtlinien bezeichnet werden.

Aus diesen vier Grundsätzen werden sodann konkrete Anforderungen abgeleitet, wie in Tab. 1 dargestellt.

Tab. 1. Ethical requirements for trustworthy Artificial Intelligence [3]

Requirement	With elements
Human agency and oversight	Fundamental rights Human agency Human oversight
Technical robustness and safety	Resilience to attack and security Fall back plan and general safety Accuracy Reliability and reproducibility
Privacy and data governance	Respect for privacy and data protection Quality and integrity of data Access to data
Transparency	Traceability Explainability Communication
Diversity, non-discrimination and fairness	Avoidance of unfair bias Accessibility and universal design Stakeholder participation
Societal and environmental wellbeing	Sustainability and environmental friendliness Social impact Society and democracy
Accountability	Auditability Minimisation and reporting of negative impact Trade-offs Redress

3 Digitale Souveränität und KI-Systeme

Wir betrachten die im vorigen Abschnitt angeführten Grundsätze und Anforderungen im engeren Sinn als Maßstab für die Eigenschaften von KI-Systemen. Für ihre Ausgestaltung stellen wir sie in Zusammenhang mit der digitalen Souveränität des einzelnen Menschen und schlagen eine Kategorisierung vor, die bereits etablierte Konzepte einbindet und erweitert.

Zwischen den Grundsätzen für vertrauenswürdige KI und der digitalen Souveränität des einzelnen Menschen besteht ganz offensichtlich ein enger Zusammenhang. Die Achtung der Autonomie des Menschen adressiert unmittelbar die Erhaltung seiner Handlungsfähigkeit und -kompetenz. Dieses Kernelement der digitalen Souveränität wird flankiert von den weiteren Grundsätzen der Vertrauenswürdigkeit

(Unversehrtheit, Fairness und Erklärbarkeit), ohne deren Einhaltung ein souveräner Einsatz von KI-Technologie eingeschränkt oder verhindert wird.

Für den Einsatz von Informationstechnologie gibt es etablierte Konzepte für Sicherheit (sowohl security als auch safety) und informationelle Selbstbestimmung (privacy). Diese Konzepte können auch für KI-Technologien angewendet werden. Wir beschreiben zunächst die Kategorien *security* und *privacy,* und schlagen vor, *safety* in den umfassenderen Kontext der Kategorie *autonomy* zu stellen. Für jede dieser Kategorien stellen wir ihre Beziehung zu den im vorigen Abschnitt aufgeführten Grundsätzen und Anforderungen an die Vertrauenswürdigkeit von KI-Systemen dar.

3.1 Security

Für die Kategorie *security* gibt es schon seit den Anfängen der digitalisierten Datenverarbeitung allgemein anerkannte, übergeordnete Ziele, die hier kurz beschrieben werden.

1. Vertraulichkeit
   Daten werden in einer Weise verarbeitet, die einen dem Risiko angemessenen Schutz vor unbefugter oder unrechtmäßiger Verarbeitung gewährleistet.
2. Integrität
   Daten werden in einer Weise verarbeitet, die einen dem Risiko angemessenen Schutz vor unbeabsichtigtem Verlust, unbeabsichtigter Zerstörung oder unbeabsichtigter Schädigung gewährleistet.
3. Verfügbarkeit
   Daten werden in einer Weise verarbeitet, die gewährleistet, dass sie für die Verarbeitungsvorgänge auffindbar, darstellbar und interpretierbar sind.
4. Belastbarkeit
   Daten werden in einer Weise verarbeitet, die gewährleistet, dass sie bei einem materiellen oder technischen Zwischenfall rasch wiederhergestellt werden.

Die beschriebenen Ziele leisten einen wesentlichen Beitrag zu den Grundsätzen

- Achtung der Autonomie des Menschen: Vertraulichkeit, Integrität, Verfügbarkeit, Belastbarkeit,
- Abwendung von Schaden: Integrität, Verfügbarkeit, Belastbarkeit,
- Fairness: Vertraulichkeit, Integrität, Verfügbarkeit, Belastbarkeit.

3.2 Privacy

Für die Kategorie *privacy* gibt es aus der Perspektive des Schutzes der Verarbeitung personenbezogener Daten allgemein anerkannte, übergeordnete Ziele, die aus dem Standarddatenschutzmodell [5] übernommen und hier kurz beschrieben werden.

1. Transparenz
   Personenbezogene Daten werden in einer für die betroffenen Personen, für die verantwortlichen Beschäftigten, für die Datenschutzbeauftragten und für die Aufsichtsbehörden nachvollziehbaren Weise verarbeitet.

2. Interventionsbefähigung

Personenbezogene Daten werden getreu der berechtigten Intervention der betroffenen Person berichtigt, vervollständigt, gelöscht, gesperrt oder übertragen, und sie werden nicht mehr verarbeitet, wenn die Rechtmäßigkeit der Verarbeitung durch Widerruf der Einwilligung oder berechtigten Widerspruch aufgehoben wird.

3. Zweckbindung

Personenbezogene Daten werden für festgelegte, eindeutige und legitime Zwecke verarbeitet, einschließlich gegebenenfalls zulässiger Zweckänderungen, etwa zur Weiterverarbeitung für wissenschaftliche Forschungszwecke.

4. Datenminimierung

Personenbezogene Daten werden nur verarbeitet, soweit und solange sie für die Zwecke angemessen, erheblich und auf das notwendige Maß beschränkt sind.

Die beschriebenen Ziele leisten einen wesentlichen Beitrag zu den Grundsätzen

- Achtung der Autonomie des Menschen: Transparenz, Interventionsbefähigung, Zweckbindung, Datenminimierung,
- Fairness: Transparenz, Interventionsbefähigung, Zweckbindung, Datenminimierung,
- Erklärbarkeit: Transparenz, Zweckbindung.

3.3 Autonomy

Obgleich die etablierten Ziele für die Kategorien *security* und *privacy* zur Umsetzung aller vier Grundsätze für vertrauenswürdige KI beitragen, decken sie doch nur bestimmte Aspekte der Datenverarbeitung ab. Die hier vorgeschlagenen Ziele für die Kategorie *autonomy* fokussieren direkt auf die Handlungsfähigkeit und -kompetenz und adressieren damit wesentliche Aspekte der digitalen Souveränität des einzelnen Menschen.

1. Kontrollbefähigung

Das KI-System arbeitet in einer Weise, die den einzelnen Menschen dabei unterstützt, selbstbestimmte Entscheidungen zu treffen und in Übereinstimmung mit seinen Zielen zu handeln. Diese Fähigkeit begegnet unerwünschten Entscheidungen und fördert die Autonomie des Menschen.

2. Nachvollziehbarkeit

Das KI-System arbeitet in einer Weise, dass seine Entscheidungen oder sein Verhalten für die von den Auswirkungen betroffenen Personen nachvollziehbar (erklärbar oder vorhersagbar) sind. Diese Fähigkeit begegnet fehlerhaftem oder unangemessenem Verhalten und unterstützt die Transparenz und Glaubwürdigkeit von KI-Technologie.

3. Beständigkeit

Das KI-System arbeitet in einer Weise, dass ähnliche Aufgaben zu ähnlichen Ergebnissen (Entscheidungen oder Verhalten) führen. Diese Fähigkeit begegnet ungleichmäßigem, unerwartetem und unvorhersehbarem Verhalten und unterstützt die Verlässlichkeit und Glaubwürdigkeit von KI-Technologie.

4. Sicherheit (safety)

Das KI-System arbeitet in einer Weise, die den einzelnen Menschen und seine Umwelt vor Schaden schützt. Diese Fähigkeit begegnet benachteiligendem oder verletzendem Verhalten und unterstützt die mentale und physische Unversehrtheit des Menschen.

Die beschriebenen Ziele leisten einen wesentlichen Beitrag zu den Grundsätzen

- Achtung der Autonomie des Menschen: Kontrollbefähigung,
- Abwendung von Schaden: Sicherheit (safety), Beständigkeit,
- Fairness: Kontrollbefähigung, Beständigkeit,
- Erklärbarkeit: Beständigkeit, Nachvollziehbarkeit.

4 Sovereignty by Design

Jede im vorigen Abschnitt beschriebene Kategorie, also *security, privacy* und *autonomy,* sollte von KI-Systemen aus sich selbst heraus angestrebt werden. Das Ziel besteht somit darin, KI-Systeme mit eingebauter digitaler Souveränität zu gestalten (Sovereignty by Design). Dazu werden zunächst technische Strategien, Konzepte und Muster für die Gestaltung benötigt. Diese sollten von Standardisierung begleitet werden, um eine vergleichende Einordnung und Bewertung, etwa durch Zertifizierung, zu ermöglichen.

4.1 KI-Systeme mit eingebauter digitaler Souveränität (Sovereignty by Design)

Für Security by Design existieren bewährte und praxiserprobte Konzepte für verschiedene Sicherheitsarchitekturen und Kategorien von IT-Systemen. Hier seien exemplarisch die Prinzipien des Open Web Application Security Project (OWASP) [6] für Security by Design von Webanwendungen genannt. Viele dieser Prinzipien lassen sich auf die Gestaltung von KI-Systemen anpassen.

Für Privacy by Design existieren Empfehlungen für Strategien, Konzept und Muster. Einen guten Überblick gibt ein Bericht der Agentur der Europäischen Union für Cybersicherheit ENISA [7] mit einer Bestandsaufnahme unter Berücksichtigung der rechtlichen Rahmenbedingungen. Auch diese Empfehlungen, insbesondere die darin enthaltenen prozess- und datenorientierten Strategien, lassen sich auf die Gestaltung von KI-Systemen anpassen.

Für Autonomy by Design können die hier vorgeschlagenen Kategorien einen Rahmen für die Entwicklung von Konzepten bilden. Vorhandene wissenschaftliche Ansätze, die etwa in den Richtlinien [3] der Europäischen Kommission beschrieben sind, können in diesen Rahmen eingebettet werden. Durch praktische Erprobung und wissenschaftliche Aufbereitung kann das Konzept reifen.

4.2 Standardisierung und Zertifizierung

Für die Kategorie *security* existieren eine Vielzahl von internationalen technischen Standards. Soweit sie querschnittliche Technologien, wie etwa kryptographische Algorithmen und Protokolle, adressieren, können sie uneingeschränkt für die Gestaltung von KI-Technologie verwendet werden. Auch für die Bewertung von *security* gibt es bewährte Kriterien, wie etwa die Common Criteria for Security Evaluation [8], die eine international anerkannte Zertifizierung der Sicherheitsleistung von KI-Technologie ermöglichen.

Die Kategorie *privacy* wird vereinzelt in technischen Standards adressiert, etwa im Zusammenhang mit der Fernauslesung von Stromzählern (Smart Metering). Die Abdeckung ist dabei regelmäßig lückenhaft, wie etwa die Beschränkung auf Pseudonymisierung und Vernachlässigung der Interventionsbefähigung. Für die Bewertung hat die Europäische Datenschutzgrundverordnung [9] einen Rahmen der Zertifizierung geschaffen. Die nötigen Kriterien und Infrastrukturen sind aber noch nicht vollständig verfügbar.

Für die Kategorie *autonomy* sind derzeit keine technischen Standards bekannt. Aktivitäten in diese Richtung werden aber insbesondere in der Normungsroadmap für KI [10] adressiert, deren Veröffentlichung für Ende 2020 geplant ist. In diesem Zusammenhang ist auch die Entwicklung von Bewertungskriterien anzustreben. Sie spielen eine zentrale Rolle für die Gestaltung von KI für den Menschen mit eingebauter digitaler Souveränität (Sovereignty by Design).

5 Reflexion

Wir haben den Zusammenhang von digitaler Souveränität und KI für den einzelnen Menschen untersucht. Dies betrifft alle Lebens- und Arbeitsbereiche aus der Perspektive der von den Auswirkungen von KI-Technologie betroffenen Personen. Unberücksichtigt bleibt die Perspektive von Unternehmen, Organisationen und staatlichen Organen. Dies bleibt einer weitergehenden Betrachtung vorbehalten.

Das wesentliche Ergebnis dieses Beitrags ist ein konkreter Vorschlag für Kategorisierung von digitaler Souveränität für den einzelnen Menschen mit Blick auf die Gestaltung von KI-Technologie. Eine solche Kategorisierung wird nach unserer Überzeugung dringend benötigt. Der Vorschlag sollte deshalb breit und gerne auch kontrovers diskutiert werden.

Literatur

1. Confederation of laboratories for artificial intelligence research in Europe (CLAIRE). https://claire-ai.org/. Zugegriffen: 15. Aug. 2020
2. AI ethics guidelines global inventory. https://inventory.algorithmwatch.org/. Zugegriffen: 15. Aug. 2020

3. European commission: ethics guidelines for trustworthy AI (2019). https://ec.europa.eu/futurium/en/ai-alliance-consultation/guidelines. Zugegriffen: 15. Aug. 2020
4. Charta der Grundrechte der Europäischen Union. https://eur-lex.europa.eu/legal-content/DE/TXT/?uri=CELEX%3A12012P%2FTXT. Zugegriffen: 15. Aug. 2020
5. Das Standard-Datenschutzmodell, Version 2.0b (2020). https://www.bfdi.bund.de/DE/Datenschutz/Themen/Technische_Anwendungen/TechnischeAnwendungenArtikel/Standard-Datenschutzmodell.html. Zugegriffen: 15. Aug. 2020
6. Security by design principles according to OWASP. https://blog.threatpress.com/security-design-principles-owasp/. Zugegriffen: 15. Aug. 2020
7. European Union Agency for Cybersecurity (ENISA): Privacy and data protection by design (2015). https://www.enisa.europa.eu/publications/privacy-and-data-protection-by-design. Zugegriffen: 15. Aug. 2020
8. Common criteria for IT security evaluation, Version 3.1 Revision 5, April 2017. https://www.commoncriteriaportal.org/cc/. Zugegriffen: 15. Aug. 2020
9. Verordnung (EU) 2016/679 des Europäischen Parlaments und des Rates zum Schutz natürlicher Personen bei der Verarbeitung personenbezogener Daten, zum freien Datenverkehr und zur Aufhebung der Richtlinie 95/46/EG (Datenschutz-Grundverordnung) (2016). https://eur-lex.europa.eu/legal-content/DE/TXT/HTML/?uri=CELEX:32016R0679. Zugegriffen: 15. Aug. 2020
10. Normungsroadmap für KI. https://www.din.de/de/forschung-und-innovation/themen/kuenstliche-intelligenz/normungsroadmap-ki. Zugegriffen: 15. Aug. 2020

Autorenverzeichnis

© Der/die Herausgeber bzw. der/die Autor(en) 2021
E. A. Hartmann (Hrsg.): *Digitalisierung souverän gestalten,* S. 151, 2021.
https://doi.org/10.1007/978-3-662-62377-0

Printed in the United States
By Bookmasters